国家重点研发计划项目(2016YFC0801401)资助
博士科研启动基金项目(BSJ2019018)资助

U0324262

煤矿冲击地压充填控制理论

尹万蕾　潘一山　李忠华　杨　淼　著

中国矿业大学出版社
·徐州·

内 容 提 要

本书基于煤岩动力系统及其稳定性理论,丰富、发展了冲击地压扰动响应失稳理论,分析了不同类型冲击地压的发生条件和主要影响因素,研究了冲击地压充填控制方法与充填防冲材料,建立了冲击地压充填控制理论,为煤矿现场冲击地压充填控制提供了理论依据。本书可供从事充填开采、冲击地压防治等研究的科技工作者、工程技术人员等参考使用。

图书在版编目(CIP)数据

煤矿冲击地压充填控制理论 / 尹万蕾等著. —徐州 : 中国矿业大学出版社,2019.8
ISBN 978 - 7 - 5646 - 4542 - 7

Ⅰ. ①煤… Ⅱ. ①尹… Ⅲ. ①煤矿—冲击地压—充填法—研究 Ⅳ. ①TD324

中国版本图书馆 CIP 数据核字(2019)第 177925 号

书　　名	煤矿冲击地压充填控制理论
著　　者	尹万蕾　潘一山　李忠华　杨　淼
责任编辑	章　毅
出版发行	中国矿业大学出版社有限责任公司
	（江苏省徐州市解放南路　邮编 221008）
营销热线	(0516)83884103　83885105
出版服务	(0516)83995789　83884920
网　　址	http://www.cumtp.com　**E-mail**:cumtpvip@cumtp.com
印　　刷	江苏淮阴新华印务有限公司
开　　本	787 mm×960 mm　1/16　**印张** 12.5　**字数** 245 千字
版次印次	2019 年 8 月第 1 版　2019 年 8 月第 1 次印刷
定　　价	50.00 元

（图书出现印装质量问题,本社负责调换）

前　言

　　冲击地压是煤矿井工开采重大灾害之一,世界上几乎所有井工采煤国家都受到冲击地压灾害的威胁。我国煤矿冲击地压灾害非常严重,目前已有近二百处井工煤矿发生过冲击地压。由于冲击地压发生机理特别复杂,预测防治非常困难,一直没有得到有效遏制,近年来,仍然发生了多起比较严重的冲击地压事故。冲击地压防治措施主要包括区域防范措施、局部解危措施和加强支护措施三大方面。优化开拓布置是防治冲击地压的一项根本性的区域防范措施,包括采用合理的采煤方法和开采工艺、合理的巷道布置系统、合理的煤柱留设以及宽巷掘进方法等。

　　充填开采是利用充填材料在采空区构筑充填体,在充填体保护下进行采煤的采煤方法和开采工艺。充填开采是能有效控制冲击地压的采煤方法,已经成为国内外专家学者和采矿工程界的广泛共识。长期以来,针对充填开采主要研究地表沉陷、矿压显现、充填材料等问题,而对充填开采控制冲击地压作用关注不够,很少进行系统的理论研究和工程应用研究。因此从防冲角度出发,研究充填采场的采动效应,建立冲击地压充填控制理论,可有效指导冲击地压充填控制的工程实践。

　　本书是作者在广泛参阅前人研究成果,并在冲击地压方面进行理论研究与工程实践的基础上完成的。本书的主要内容包括:第1章综述了煤矿冲击地压防治和充填开采的国内外研究概况,总结了冲击地压充填控制方面取得的成果和存在的问题;第2章基于煤岩动力系统及其稳定性理论,丰富、发展了冲击地压扰动响应失稳理论;第3章介绍了不同类型冲击地压的发生条件及其主要影响因素,提出了顶板断裂的C形板模型,揭示了顶板断裂诱发冲击地压的剪切失稳机理,明确了冲击地压发生的主要冲击源;第4章介绍了不同类型冲击地压充填控制方法以及一种具有刚柔耦合性能的混凝土充填体;第5章介绍了冲击地压充填控制理论的主要内容;第6章介绍了采空区充填、沿空留巷巷旁充填控制冲击地压的数值模拟与相似材料模拟;第7章以集贤煤矿二片下料道工作面巷旁充填开采为例,进行了充填开采防治冲击地压的工程实践。全书组织了大量的素材,自成体系,并附有大量的图表来说明问题,易于读者理解和学习。

在编写本书过程中,作者参阅了大量国内外有关冲击地压和充填开采方面的专业文献,谨向文献作者表示感谢。感谢辽宁工程技术大学梁冰教授、王来贵教授、张永利教授、孙可明教授、张寅教授、唐巨鹏教授、肖晓春教授、阎海鹏副教授、李国臻高工、王爱文副教授、赵宝友副教授的指导和帮助。感谢王凯兴博士、唐治博士、徐连满博士、罗浩博士、肖永惠博士、马箫博士、王亚林博士、朱丽媛博士、代连朋硕士、包思远硕士、梁影硕士给予的支持和帮助。感谢集贤煤矿在调研、资料收集和现场试验过程中给予的大力支持和帮助。

本书是在第一作者博士学位论文的基础上深化完成的。书中有许多关于冲击地压充填控制理论方面的新思想和新观念,其中某些内容还有待进行更深入的研究。由于作者水平所限,书中疏漏之处在所难免,敬请读者不吝指正。

作 者

2019 年 4 月

目　录

1　概　述

1.1　引言

　　冲击地压是煤矿井工开采重大灾害之一,世界上几乎所有井工采煤国家都受到冲击地压灾害的威胁。2007 年 8 月 6 日,美国克兰德尔峡谷煤矿发生的一次冲击地压,造成 6 人死亡;在时隔 10 日之后的救援中,再次发生冲击地压事故,造成 3 人死亡。2014 年 4 月 16 日,澳大利亚澳星煤矿发生的一次冲击地压,造成 2 人死亡。2016 年 2 月 25 日,俄罗斯北方煤矿发生的一次冲击地压,造成 36 人死亡;在时隔 3 日之后的救援过程中,又发生瓦斯爆炸,造成 5 名救援人员和 1 名矿工遇难。

　　我国煤矿冲击地压灾害非常严重。1933 年抚顺胜利煤矿发生的冲击地压是我国有记载的首例冲击地压事故。目前已有近二百处井工煤矿发生过冲击地压。由于冲击地压发生机理特别复杂,预测防治非常困难,一直没有得到有效遏制。近些年来,仍然发生了多起比较严重的冲击地压事故。2015 年 5 月 26 日,辽宁阜新艾友煤矿发生的一次冲击地压,造成 4 人死亡,3 人受伤。2015 年 7 月 26 日,山东济宁星村煤矿发生的一次冲击地压,造成 1 人受伤。2015 年 7 月 29日,山东菏泽赵楼煤矿发生的一次冲击地压,造成 5 人受伤。2015 年 12 月 22日,河南义马耿村煤矿发生的一次冲击地压,造成 2 人死亡。2017 年 11 月 11日,辽宁沈阳红阳三矿发生的一次冲击地压,造成 10 人死亡。

　　冲击地压防治措施主要包括三大方面:一是区域防范措施,主要有优化开拓布置、开采保护层、煤层注水等;二是局部解危措施,主要有钻孔卸压、爆破卸压、断顶断底、水力压裂等;三是加强支护措施,主要有锚杆锚网钢带联合支护、高强门式液压支架支护、快速让位吸能防冲液压支架支护等。

　　优化开拓布置是防治冲击地压的一项根本性的区域防范措施。包括采用合理的采煤方法和开采工艺、合理的巷道布置系统、合理的煤柱留设以及宽巷掘进方法等。

　　充填开采是利用充填材料在采空区构筑充填体,在充填体保护下进行采煤的采煤方法和开采工艺。传统的垮落法开采不但容易引起煤矿火灾、煤与瓦斯突出等灾害,还存在围岩局部应力集中问题,易引起冲击地压灾害。实施充填开采,在减缓顶板下沉及降低工作面超前支承压力的同时,可降低冲击危险性。

充填开采是有效控制冲击地压的采煤方法,已经成为国内外专家学者和采矿工程界的广泛共识[1-4]。显然,充填开采对防控冲击地压具有重要作用。然而,长期以来,在充填开采方面,主要研究地表沉陷和"三下"开采问题、矿压显现规律问题、充填材料和充填体参数等问题,对充填开采的防冲作用关注不够,很少进行系统的理论研究和工程应用研究。

因此,必须从防冲角度出发,研究煤层、充填体、顶底板及断层构造的变形破坏规律,研究充填开采采场应力场的采动效应,研究充填体的物理力学性质,结合煤层、充填体、顶底板及断层构造的物理力学性质,探索充填开采采场冲击地压发生条件及其影响因素,合理设计充填方式与充填工艺及其充填参数,为有效防治充填开采采场冲击地压奠定理论基础,指导充填开采的工程实践。

1.2 冲击地压防治研究现状

冲击地压是指巷道或工作面围岩体由于储存的弹性变形能的瞬间释放而产生突然剧烈破坏的一种动力现象,常伴有煤岩体抛出、巨响及气浪等现象。

防治煤矿冲击地压是世界采矿技术难题。自 1915 年南非率先开展冲击地压研究以来,至今已有 100 余年的发展历史。

我国煤矿的冲击地压问题十分严重,学术界和工程界对冲击地压防治始终非常重视。我国自 20 世纪 80 年代开始对煤矿冲击地压进行研究,至今已有近四十年历史,在冲击地压发生理论与预测防治技术方面均取得了重要研究成果。

2001 年,在第 175 次香山科学会议上对煤矿冲击地压问题进行了重点研讨。2004 年,国家自然科学基金重大项目"深部岩体力学基础研究与应用"将深部开采条件下的冲击地压发生理论与防治技术列为主要研究内容。2010 年,国家重点基础研究发展计划(973 计划)项目"煤炭深部开采中的动力灾害机理与防治基础研究"的研究重点就是煤矿冲击地压问题[5]。2016 年,国家重点研发计划项目"煤矿典型动力灾害风险判识及监控预警技术研究",将冲击地压、煤与瓦斯突出并列为煤矿典型动力灾害开展相关研究。《煤矿安全规程》也将冲击地压与水、火、瓦斯、煤尘等灾害并列,将"冲击地压防治"独立作为一章,制定了相关规定。2018 年发布了《防治煤矿冲击地压细则》。可见煤矿冲击地压防治问题已达到国家层面特别重视的程度。

冲击地压防治可分为三大方面:区域防范、局部解危与加强支护。区域防范措施主要有:优化开拓布置、保护层开采、煤层注水等。冲击地压发生的根本原因在于原始地质构造和采动引起的应力集中,因此,降低应力集中程度是降低冲击危险性的根本方法。

优化开拓布置对于降低应力集中程度具有重要意义。优化开拓布置应遵循以下原则：① 矿井多煤层开采时，要基于保护层开采优化开采顺序。② 科学合理地划分采区，降低单个采区的开采强度。③ 科学设计开采顺序，避免形成孤岛工作面，避免相向开采而形成应力叠加。④ 在向斜、背斜的轴部与断层等位置的开采顺序应能够减缓应力叠加。⑤ 具有冲击危险性的开拓和准备巷道、永久硐室、主要上下山应布置在底板岩层或无冲击危险性的煤层中。⑥ 采用宽巷掘进、无煤柱开采。⑦ 顶板采用垮落法管理。⑧ 采用充填开采。《煤矿安全规程》第二百三十一条对冲击地压矿井巷道布置与采掘作业提出了严格规定。

保护层开采[6]是指首先开采一煤层，使相邻煤层压力得到一定时间的释放，是针对冲击地压的一项有效的根本性区域防范措施。保护层选取为无冲击危险性或弱冲击危险性的煤层。保护层开采后，围岩向采掘空间转移，从而使采空区上下方的岩层处于卸压状态，形成卸压带。

煤层注水[7]是一种积极主动的区域防范措施，能够消除或减小冲击危险性，同时具有消尘的作用。煤层注水后，煤体得到充分湿润，随含水率的增加，煤的强度下降，弹性性质发生改变，单轴抗压强度和弹性模量降低，泊松比升高，煤体储存的弹性能减少。凡是注水充分的工作面，冲击发生的频度和强度均大大降低。煤层注水的可行性和防冲效果，取决于煤体湿润的难易程度。如果水很难进入煤体的裂隙、孔隙，或水很容易从煤体的裂隙中泄漏流失，将达不到预期效果。此外注水盲区的存在有可能增大冲击危险性。

局部解危指采取局部卸压等措施使冲击危险性降低，主要有钻孔卸压、爆破卸压、断顶爆破、断底爆破、水力压裂等措施。

钻孔卸压是采用打钻的方法消除或降低煤层冲击危险性。在煤体应力集中区域实施大直径钻孔，从而产生较大自由空间，使煤体应力重新分布，煤岩系统储存的弹性能缓慢释放，达到局部解除冲击危险性的防冲效果。此外卸压巷、卸载洞也是具有一定卸压效果的局部解危措施[8-9]。

爆破卸压是采用爆破方法达到消除或降低冲击危险性目的的局部解危措施，在煤岩体中产生大量破碎裂隙，使煤岩体的力学性质发生改变。爆炸应力波可破坏煤层的整体结构，达到松动的目标。爆破卸压有诱发冲击的可能性。吴玉文和王书文[10]从无限煤岩体内爆破后的静态效果角度研究了爆破卸压对煤岩体冲击危险性变化趋势的影响规律，分析了保护带范围和炮孔俯角对巷道冲击危险性变化带来的影响。

断顶爆破是用爆破方法消除或降低顶板岩层冲击危险性的一种局部解危措施。齐庆新等[11]探讨了采用深孔断顶爆破措施防治冲击地压的基本原理。采用深孔断顶爆破卸压措施后,应力峰值远离煤壁,峰值大幅度降低,对具有冲击危险的区域可起到较好的卸压作用。

断底爆破是爆破卸压措施在降低巷道底板冲击危险性方面的应用。沿巷道方向向巷道底板打一定尺寸的爆破孔,通过爆破在巷道底板和两帮形成卸压破坏区,使压力升高区向煤体深部转移。张寅[12]介绍了千秋煤矿实施断底卸压降低冲击危险性的情况。

水力压裂是利用高压水使煤岩体产生裂隙的一种局部解危措施。郭信山[13]研究了水力压裂防治冲击地压机理,建立了煤层分段压裂力学模型,得到了水力压裂防冲的力学判据。郭相斌[14]介绍了定向水力压裂在平顶山十矿的应用实践。

加强支护指采用合理支护方法提高支护体抗冲击能力,主要有:锚杆锚网钢带联合支护、恒阻大变形锚杆(索)支护、高强门式液压支架支护、快速让位吸能防冲支护等,是一类被动防冲方法。

王平等[15]针对强冲击大变形巷道锚杆(索)联合支护时普遍出现锚杆(索)破断问题进行了研究,并对锚杆(索)协调变形防冲原理及设计准则进行了研究分析。

康红普等[16]提出了冲击地压巷道支护形式应如何选择的原则,提出了以全长预应力锚固、高强度、高冲击韧性锚杆与锚索联合支护为主,金属支架支护为辅的复合支护方式,并进行了井下工业性试验。

长期以来,防冲支护的主流一直是所谓的"强支护"(即提高支护强度)措施。但是,单纯提高支护强度并不能完全抵抗冲击地压发生时对围岩和支护设备造成的破坏。

潘一山等[17-18]针对现有煤矿巷道支护理论、支护方法不能有效解决实际冲击问题,提出了一种快速让位吸能的科学支护思想,建立了冲击载荷作用下围岩与支护系统作用的动力学模型,提出了新的防冲理念:提高支护刚度与快速让位吸能,据此研发了新型吸能防冲装备。

综上所述,目前冲击地压防治方面已有大量研究成果,主要体现在区域防范、局部解危和加强支护三大方面。然而,现实情况是冲击地压现象在煤矿现场仍然时有发生。目前我国煤矿冲击地压防治存在的主要问题是现有理论与预测防治技术存在局限性。煤矿井下地质条件复杂,冲击地压类型和破坏形式多样,现有理论还不能彻底揭示冲击地压发生机理;现有预测技术与仪器设备存在各自缺陷,预测结果有时互相矛盾;部分区域虽采取了防治措施,但仍不能保证安全开采。冲击地压发生机理尚未完全清晰,发生规律尚未彻底明确,防治措施尚未真正有效。因此,需要广大专家学者继续探索揭示冲击地压发生机理,在此基础上构建冲击地压理论体系,完善已有防治技术措施与预测方法,并研发更加准确的预测方法和更加有效的防治技术。

鉴于充填开采有利于防治冲击地压的事实,本书探索充填开采防治冲击地压的理论依据,为更加有效地防治冲击地压提供一种区域防范措施。

1.3 充填开采研究现状

充填开采是煤矿绿色开采技术体系的主要内容之一。国家"十二五"规划中提出:积极推广保水开采、充填开采等新工艺和新技术,实现采煤沉陷区综合治理。建设煤矿绿色开采生态矿山成为煤炭工业今后的发展方向,生态矿山的建设最关键的技术就是综合机械化充填采煤技术。2013 年,经国家能源局批准,冀中能源集团、中国矿业大学(北京)、中煤科工集团联合组建成立了国家能源充填开采技术重点实验室,构建了国家层面煤炭生态矿山建设科研平台。

充填开采法在非煤矿山应用较多,技术相对成熟,其成果能够为煤矿充填开采提供很好的借鉴。彭怀生等[19]对井工开采充填体的作用与效果进行了研究。肖广哲等[20]针对东乡铜矿的胶结充填体强度过小问题,提出了采用全尾膏体充填思想,并对材料与强度的关系进行了试验研究。

20 世纪 60 年代,抚顺胜利矿采用水砂充填长壁采煤法成功开采了工厂下保护煤柱。20 世纪 80 年代初,国外发展了膏体充填技术,之后在我国甘肃金川镍矿进行了推广应用。20 世纪 80 年代后期,抚顺矿务局成功采用了离层注浆技术减缓地表下沉。20 世纪 70～80 年代,胶结材料充填、膏体材料充填、高水速凝材料固结充填等技术相继试验成功,并开始在煤矿推广使用。

1.3.1 充填技术

充填开采可分为传统充填工艺和现代充填技术两大类。传统充填工艺有水力充填、粉煤灰充填、风力充填、矸石自溜充填、矸石带状充填等。现代充填技术有注浆胶结充填、(似)膏体充填、(超)高水材料充填技术[21]。

按照充填材料不同,充填开采分为水砂充填、矸石充填、膏体充填、高水充填。按照充填系统动力不同,分为自溜充填、风力充填、机械充填、水力充填。按充填料浆胶结与否,分为胶结充填、非胶结充填。按充填位置不同,分为采空区充填、冒落区充填、离层区充填。按充填量和充填范围与煤层的相对比例,分为全部充填与部分充填[22]。

闫少宏和张华兴[23]将充填方法分为巷柱式充填和长壁式充填两大类,认为要推广部分充填和进行可控制性下沉理论研究。惠功领[2]认为充填采煤常用固体物充填材料、膏体材料与超高水材料充填三种。徐法奎[24]按充填材料组成和充填体的状态将充填开采分为矸石固体密实充填、(似)膏体材料充填和(超)高水材料充填三大类,指出充填开采主要受充填材料、充填效率和充填成本制约。

1.3.2　充填材料

赵才智等[25-26]介绍了一种适于膏体充填的膏体胶结料,具有典型的塑性特征,弹性模量大,并通过试验研究了膏体充填材料强度与其影响因素的相互关系。

常庆粮等[27]采用神经网络技术建立了充填材料质量的预测模型,对模型预测结果和实际值进行了对比分析。

崔增娣和孙恒虎[28]研究了煤矸石凝石似膏体充填材料的物理和力学性质,得到煤矸石凝石似膏体充填材料可以用于矿区似膏体充填,其具有较好的力学性能与耐久性能。

何利辉等[29]利用数字图像测量软件绘制了膏体充填材料单轴压缩应力-应变曲线、泊松比曲线。

冯国瑞等[30]采用石灰吸收法研究了 NaOH 等对粉煤灰的激发效果,认为激发剂对粉煤灰和火山灰的反应活性都有一定的促进作用。

张新国等[31-32]通过均匀试验得到了膏体充填材料的最优配比及其性能影响因素。

李梦等[33]研究了膏体充填材料力学参数单轴抗压强度、弹性模量、内摩擦角、内聚力与养护龄期、胶结料用量、粉煤灰用量等因素之间的影响规律。

吕斌等[34]以砂子、炉底灰为主要原料,制备了砂基膏体充填材料,对原料配比及其与流动性和抗压强度等性能之间的关系进行了研究。

曹忠等[35]进行了煤矸石和粉煤灰等材料物化性能及优化配比试验,优化配比结果为胶结料：粉煤灰：煤矸石为 1：4：6,质量浓度为 74％。

王其锋等[36]对达到额定强度的膏体充填体进行了抗侵蚀性、抗渗性、热稳定性与耐久性试验。

孙琦等[37]进行了膏体充填材料三轴蠕变试验,得到了胶结体的三维蠕变本构方程,指出引入损伤的改进西原模型能够更好地反映胶结材料的蠕变规律。

1.3.3　充填理论

Brady 和 Brown[38]认为充填体对围岩的支撑作用为对卸载岩体的滑移趋势提供侧限压力、支撑破裂岩体、抵抗采场围岩闭合。

蔡嗣经[39-40]概述了矿山充填机理的理论研究现状,并提出用围岩中存储的应变能以及围岩的位移量表示采场围岩的力学响应特性,指出采场体积闭合量是综合评估采场稳定性的重要判据。

宋卫东等[41]采用相似模拟试验与数值计算分析方法研究了充填体的作用机理,得出充填体能够支撑上覆散体岩层的部分重力。

樊忠华[42]根据三维数值模拟研究,得出充填体强度的变化对地表位移场、应力场变化影响较小,但提高充填体强度,能够减小点柱塑性分布范围。

周冬冬等[43]采用数值模拟方法,通过对采场最大主应力场的模拟分析,得出最大主应力场遵循由上至下逐渐增加的规律,最大值位于采场的底部、开采区的底板与顶板;充填后采场最大应力场明显减小。

潘德祥和张金才[44]通过对条带充填开采方法煤柱所受载荷与煤柱强度的理论分析,提出了合理煤柱尺寸及开采宽度留设优化方法。

谢文兵等[45]研究了部分充填围岩应力与位移的变化规律及其对围岩稳定性的影响。

刘长友等[46]分析了采空区全部充填时充填体的压缩率与覆岩活动规律的关系,提出了保持岩层移动合理范围的充填体允许压缩率。

李青锋等[47]给出了关键层弯曲下沉的最小充填厚度。杜绍伦和刘志祥[48]指出充填法采煤过程中充填体与上覆岩层的耦合力学作用是一个能量耗散过程,分析了岩石破坏比能,并研究了回采过程中煤岩体能量的释放规律。

瞿群迪等[49]提出了充填开采控制地表下沉的空隙量守恒理论。

王家臣等[50-51]分析了充填支架与围岩的作用关系及上覆岩层移动特征。

常庆粮等[52]采用弹性地基梁理论分析了充填开采顶板岩移规律及主要影响因素。

杨宝贵等[53]对工作面不同推进距离下沿倾斜和走向方向的受力以及充填体上覆岩层的垂直位移进行了模拟分析。

Blight 和 Clarke[54]用石英岩芯模拟充填材料包围中的矿柱,通过试验得出充填料既可限制岩芯横向变形,又可提供较大的侧限压力。

韩文骥等[55]基于充填膏体作用机理,研究了充填法和垮落法开采孤岛煤柱分别引起的覆岩移动规律。

王志波[56]模拟了全采全充法和间隔充填法的矿山压力显现,研究煤层覆岩移动规律。

潘富国[57]采用理论分析和离散元数值计算分析了急倾斜煤层开采顶板岩梁的应力分布特征,研究了充填开采对顶板岩梁破断方式的影响。

许家林等[58]提出了部分充填开采概念和部分充填开采技术。冯光明等[59-62]通过对超高水材料性能研究,提出采空区开放式充填开采与袋式充填开采。

刘志钧[63]结合孙村矿条件,采用矸石似膏体充填技术,并分析得到了充填体组合料的最优配比技术参数。

佟强[64]介绍了新汶翟镇煤矿综采工作面直接利用井下原生矸石充填开采的方法,论述了其充填工艺机理流程、充填设备设施及充填效果。

1.3.4 沿空留巷巷旁充填

沿空留巷能够显著提高煤炭采出率、降低巷道掘进率,能够有效消除瓦斯灾害,是煤与瓦斯共采技术的基础,同时能够有效消除由于煤柱区域应力集中而引发的冲击地压灾害。

沿空留巷巷旁充填防治冲击地压理论研究是建立在采场整体结构模型基础之上的。采场整体结构模型的建立必须研究巷内支护、巷旁支护与煤层、直接顶之间的相互作用关系,同时必须掌握上覆岩层的稳定条件和破裂形式。

巷旁充填是沿空留巷的一种重要方式及组成部分,是充填开采的主要形式。1991年,《矿山压力与顶板管理》第4期,集中报道了巷旁充填技术[65-69]。

柏建彪等[70]分析研究了高水灰渣巷旁充填沿空留巷矿压显现规律。

黄玉诚[71]对高水速凝材料巷旁充填沿空留巷的矿压显现特征进行了分析和研究。

辛恒奇等[72]介绍了张庄煤矿推广应用高水材料巷旁充填技术的现场实践。

翟新献等[73-74]根据巷旁充填体的作用及巷道顶板岩层活动特点,建立了巷旁充填体-顶板岩层力学模型,得到了巷旁充填体后期提供的工作阻力。

苏清政和郝海金[75-76]分析了沿空留巷巷道顶板岩层运动的过程及岩块之间的几何关系,得到了高水速凝充填体所需变形量的计算模型。

陈阳等[77]研究了沿空留巷的锚杆支护与围岩相互作用关系。

徐金海等[78]将充填体视为黏弹塑性介质,利用最小势能原理,建立了考虑顶板刚度及充填体软化与流变特性的分析模型。

文志杰[79]运用关键层理论和砌体梁理论,分析了巷旁充填沿空留巷围岩变形规律。

张吉雄等[80]建立了充填综采工作面基本顶关键岩块力学模型。

康红普等[81]以淮南谢家集第一煤矿深部沿空留巷为研究对象,详细介绍井下试验,根据围岩、充填体与锚杆、锚索相互作用,得到受力分析数据,进行了支护效果评价。

阚甲广等[82]利用叠加连续层板模型得出了不同顶板条件下的巷旁支护阻力公式。

孙春东等[83-84]对新型高水速凝充填材料特性进行了实验分析。采用大尺寸蠕变实验系统与数值计算相结合的手段,得到了高水材料充填体蠕变具有瞬时、稳定及加速 3 个变化阶段。

杨永辰等[85]针对沿空留巷中矸石充填体的大流变性和低支护强度等问题,提出带-网-栓式矸石袋巷旁支护技术方案,以此加强矸石充填体的支护强度。

杨绿刚[86]进行了深部大采高充填开采沿空留巷围岩协同控制研究。李凤义和王伟渊[87]研究了粉煤灰高水材料巷旁充填工艺,在双鸭山新安煤矿进行了现场实验。

韩昌良[88]建立了沿空留巷围岩结构模型,探索留巷围岩采动应力分布与工作面推进距离的关系。

罗中[89]针对大断面沿空留巷巷旁充填体的宽度设计问题,分析了留巷覆岩运动规律,计算得出基本顶断裂位置及关键块体的长度。

滑怀田[90]结合庞山煤矿沿空留巷实验,对大倾角煤层沿空留巷围岩活动规律以及巷旁充填体稳定性进行分析研究。

贾红果等[91]进行了无煤柱巷旁安全高效充填技术的研究与试验,得到了高水速凝充填材料具有凝固时间短、早期强度大、增阻快、适应性强等特点。

邹光华[92]从高水灰渣材料的力学性能和充填带宽度两个方面探讨了巷旁充填体的稳定性,给出了充填带宽度计算式。

郭育光等[93]对高水灰渣巷旁充填体的作用机理进行了研究,得到求解巷旁充填体力学参数的力学模型。

孙恒虎等[94]将长壁工作面煤层顶板简化为矩形"叠加层板"模型,认为沿空留巷为"叠加层板"的支承边界。

宋彦波和曲方[95]分析了巷旁充填沿空留巷支护与围岩之间的关系,提出了沿空留巷的几种顶板力学模型,阐述了巷旁充填沿空留巷充填参数的计算方法。

综上所述,关于充填开采不论在理论界还是工程界均已进行了大量研究,研究成果主要体现在充填材料性质与充填体参数、矿压规律与岩层控制、工程实践等几个方面。

在充填材料方面,从煤矸石、粉煤灰、混凝土、建筑垃圾,到(似)膏体材料、(超)高水材料,通过室内和现场实验,得到了其变形、强度和流变性质,以及充填材料的合理配比、制备工艺与技术。

在充填体方面,重点研究了充填体合理宽度和稳定性。在充填采场矿压显现规律与岩层控制方面,进行了大量现场实际矿压观测。

在大量观测结果的基础上,建立了基于关键层理论的综放采场结构力学模型,基于理论模型和机理分析,总结出充填采场矿压显现规律。

在工程实践方面,适用煤层厚度从开始的薄煤层逐渐发展到中厚、厚煤层

（大采高），适用煤层倾角也从最初的缓倾斜近水平煤层发展到倾斜煤层、急倾斜煤层（大倾角），同时深部开采条件下也逐渐实施了充填开采。

1.4 冲击地压充填控制研究现状与存在的问题

国内外研究与实践表明[96-100]，充填采空区对于预防和控制岩爆具有极其重要的作用。南非用时 3 年在 6 个金矿分别进行了深井开采充填体与岩体的监测。结果表明，充填体在吸收岩爆能量方面的优势远大于其他支护。美国矿山局 Spokane 研究中心对 Coeurd Alene 矿区胶结充填控制岩爆进行了研究，得到了充填对减少岩爆危险性具有重要作用。LAC 公司爆破震动监测结果表明，岩爆释放的地震波将被胶结充填体部分吸收。

李杰峰[1]指出，在煤矿开采中采用充填开采技术，可以控制上覆岩层的移动，使冲击地压事故发生率降低。惠功领[2]指出，充填开采"消除"了传统的采空区，因传统垮落法开采带来的应力集中问题得到大大改善，对于防突与防冲击意义重大。

李建民[3]指出，全部充填工艺能够有效缓解采煤引起的矿山压力转移，有效阻止顶板和冲击地压事故的发生，达到"应力分散，地压不冲"的效果。

张书国[4]针对邢台矿煤矸石粉煤灰固体废弃物充填采空区情况，认为充填开采不但能有效抑制上覆顶板下沉与地表沉陷，而且能从根源上消除水、火、瓦斯与冲击地压等重大隐患。

宋振骐等[101]指出，采用无煤柱绿色安全开采的主要技术内涵包括：应用井下矸石为主构建高强度材料充填护巷，达到控制瓦斯、防止冲击地压等事故灾害发生的目的。无煤柱充填安全高效开采模式建设的重要意义在于最大限度地控制瓦斯、冲击地压、火灾等重大事故。

布雷克[102]指出在有冲击危险性的深部矿山冲击地压发生条件之一是岩石必须比其围岩要硬而脆，使应变能在围岩中积聚。

杨宝贵等[103]采用单轴 DHPB 冲击实验，得出了高水固结充填体的典型冲击波形；通过实验得到充填体的应变率、应变、应力及能量变化规律，揭示了高水固结充填体具有抗冲击的特性。

李建民[3]就充填开采对煤矿安全生产的影响进行了综合分析，指出充填开采改变了采用全部垮落法管理顶板时的矿压显现规律。涂敏等[104]、张农等[105]指出：沿空留巷相对传统的留煤柱开采方式，无煤柱开采使跳采变为连续开采，避免形成孤岛工作面，能够最大限度地消除因煤柱而产生的应力集中，可消除冲击地压。从避免形成孤岛工作面、消除应力集中的角度，说明了沿空留巷巷旁充填可防治冲击地压。

白金超[106]针对综放采场沿空巷道存在底板冲击危险性,常规卸压解危措施存在工程量大、工序烦琐等问题进行了研究。研究对象为底板冲击地压,研究重点未涉及充填采场顶板断裂型冲击地压问题。

孔令海[107]研究了适用于孙村矿深井高应力条件的沿空留巷充填支护材料。但在不同开采条件下,基于深井充填开采的防冲技术在充填材料性能、充填方案及参数优化等方面还需要深入研究。

李舒霞等[108]为解决深部开采沿空巷道变形量大以及巷道易发生冲击地压的问题,基于分段分级承载的原理提出采用复合墙体巷旁支护的技术。

刘磊和王元峰[109]根据安源煤矿3511综采工作面开采环境以及冲击地压的实际监测资料,对沿空巷道围岩体的冲击地压进行研究,确定了合理的支护方案。

石磊[110]阐述了采动应力对冲击地压的显著影响,沿空留巷围岩的矿压显现特征,工作面冲击危险区域预测与圈定等技术问题。

刘建功[111]针对深部煤炭开采地压大、巷道围岩变形大、冲击地压强度高和频率增加等问题,设计研究了能够密实推压的充填液压支架、开采充填平行作业的充填工艺与大垂深材料输送系统。

赵琦[112]指出实施充填开采能够保持地形地貌,防止地表建筑物破坏,保持水源,减少采空区,降低冲击地压发生的可能性。

充填开采有利于地表沉陷、瓦斯灾害、冲击地压的防治。但是,已有研究对地表沉陷和瓦斯灾害论述较多,对冲击地压涉及较少。仅有的少量文献报道,也几乎淹没于浩如烟海的文献资料中。

在充填材料方面,研究了充填材料的变形性质、强度性质和流变性质,以及充填材料的合理配比、制备工艺与技术。在充填体方面,重点研究了充填体合理宽度和稳定性。但是,没有考虑防冲要求,未对充填材料及充填体进行冲击倾向性测试。

在充填开采矿压规律与岩层控制方面,研究成果均是在考虑静载条件下取得的,基于矿山压力理论,得到了矿压显现规律,并据此进行支护设计,对动载条件考虑不够充分。

在工程实践方面,实施充填开采技术的矿井中,有一部分是冲击地压矿井。实践证明,实施充填开采技术后,冲击地压事故发生率明显降低,但是,研究人员和现场工程技术人员认为是理所当然的结果,几乎没有进行详细分析,淹没了充填开采防治冲击地压这一具有特别重要的实际意义和工程价值的关键科学问题。

1.5　主要研究内容

基于以上研究现状分析,根据煤矿冲击地压充填控制理论尚需进一步深入研究的科学问题,确定主要研究内容如下:

(1) 冲击地压扰动响应失稳理论研究。基于煤岩动力系统及其稳定性理论,丰富、发展冲击地压扰动响应失稳理论,进一步揭示冲击地压扰动响应失稳机理,建立扰动响应失稳判别准则。

(2) 冲击地压发生条件与影响因素研究。根据冲击地压扰动响应失稳理论,针对无充填条件下不同类型冲击地压,构建不同类型的煤岩动力系统,建立力学模型并进行解析分析,得到主要影响因素,为充填开采防治冲击地压研究奠定理论基础。基于顶板剪切梁模型,通过对采煤工作面推进过程中顶板破裂特征研究,提出顶板断裂的 C 形板模型,揭示顶板断裂诱发冲击地压的剪切失稳机理,明确冲击地压发生的主要冲击源。

(3) 冲击地压充填控制方法与充填材料研究。对充填开采方法进行分类分析,在此基础上结合冲击地压基本类型及其主要影响因素,提出防治不同类型冲击地压的充填开采方法。对充填材料及其力学性质进行分析,研制一种具有刚柔耦合性能的混凝土充填体,并对其力学性质进行研究,为后续充填开采防治冲击地压研究提供基础数据。

(4) 冲击地压充填控制的理论研究。分别建立采空区充填采场、沿空留巷巷旁充填采场理论分析结构模型,并进行解析分析,得到充填采场不同类型冲击地压发生的临界条件及其主要影响因素,并与无充填采场不同类型冲击地压发生的临界条件及其影响因素进行对比分析,研究充填体在充填采场防治冲击地压中的作用,建立防治冲击地压充填控制理论,为煤矿现场充填防冲实践提供理论依据。

(5) 冲击地压充填控制的模拟研究。采用 RFPA 数值模拟软件对采空区充填采场进行数值模拟研究,采用 FLAC³ᴰ 数值模拟软件对沿空留巷巷旁充填采场进行数值模拟研究,采用相似材料模拟方法对沿空留巷巷旁充填采场进行物理模拟研究,并与无充填采场模拟结果进行对比分析,进一步验证充填开采防治冲击地压的有效性。

(6) 冲击地压充填控制的工程实践。以集贤煤矿二片下料道工作面巷旁充填开采为例,进行充填开采防治冲击地压的工程实践,验证充填开采防治冲击地压的实际效果。

2 冲击地压扰动响应失稳理论

本章首先阐述煤岩动力系统及其稳定性理论，据此构建冲击地压扰动响应失稳理论；根据冲击地压扰动响应失稳理论，进行冲击地压分类研究。

2.1 煤岩动力系统的稳定性

系统由若干具有相互联系、相互依赖、相互作用的要素组成，整体具有一定结构形式与功能。一个选定的系统总要划出一定的系统边界，边界之外同系统有关联的部分为系统的环境。

冲击地压发生过程是动力过程，冲击地压的研究对象是煤岩体，因此称为煤岩动力系统。一个煤田可以是一个煤岩动力系统，由数个矿井组成。单个矿井可以是一个煤岩动力系统，由数层煤层、数层岩层、数个采掘空间组成。单个煤层及其上覆顶板岩层、下伏底板岩层可以是一个煤岩动力系统，由数个开采水平组成。单个开采水平可以是一个煤岩动力系统，由数个采区（盘区、带区）组成。单个采区（盘区、带区）可以是一个煤岩动力系统，由数条巷道、数个采掘工作面组成。单条巷道或单个掘进工作面或单个采煤工作面可以是一个煤岩动力系统，由采掘空间、巷道和工作面周围煤岩体、支护等组成。巷道和工作面周围煤岩体可以是一个煤岩动力系统，由基体、宏观裂隙、微观裂纹等组成。支护可以是一个动力系统，由支护构件及其结构等组成。

煤岩动力系统可分为不同层次。下一层次的系统称为其上一层系统的子系统。如，矿井是煤田的子系统，含煤岩层组是矿井的子系统，开采水平是含煤岩层组的子系统，采区（盘区、带区）是开采水平的子系统，巷道、采掘工作面是采区（盘区、带区）的子系统，围岩、支护是巷道或采掘工作面的子系统，基体、宏观裂隙、微观裂纹是围岩的子系统，支护构件是支护的子系统。

每一层子系统的边界按其影响范围划定。边界之外，其上层系统及其同层其他子系统，与其相关联的部分为该系统的环境。煤岩动力系统是闭环系统，系统的扰动对系统的响应产生直接影响，系统的响应一般对系统的扰动也有影响。

煤岩动力系统稳定性指在外部扰动作用下系统保持原来平衡或运动状态和内部结构的性质。在外部扰动作用下，系统如果保持原来的状态，则系统是稳定的；在外部扰动作用下，系统如果不能保持原来的状态，则是非稳定的。

从稳定状态过渡到非稳定状态的临界点,称为临界状态。煤岩动力系统的失稳指在外部扰动作用下系统的状态突然改变的过程。在系统失稳过程中一般要释放大量能量,失去原有的内部结构功能,造成冲击地压等煤岩动力灾害。煤岩动力系统的稳定度指煤岩动力系统的稳定程度或非稳定程度。稳定系统存在稳定程度高低的问题,非稳定系统存在非稳定程度大小的问题。确定系统稳定或非稳定程度,就可定量描述失稳等级,对冲击地压等煤岩动力灾害发生程度进行定量评价。系统稳定性理论主要有:能量理论、响应比理论、黏滑理论、突变理论等。

王来贵等[113]将岩石、支护及其围岩环境看成一个力学系统,认为该系统的任何变化都为一种运动,提出了岩石力学系统及其运动稳定性的概念,进行了岩石力学系统运动稳定性理论研究。下面参考文献[113],对煤岩动力系统及其稳定性进行研究,建立煤岩动力系统动力微分方程,提出煤岩动力系统的状态变量、控制变量、扰动变量和响应变量的概念,构建煤岩动力系统稳定性理论,为冲击地压扰动响应失稳理论提供理论依据。

2.1.1 煤岩动力系统的描述

在外部扰动作用下煤岩动力系统所发生的空间位置随时间的改变称为煤岩动力系统的运动,包含刚体运动、变形与破坏。煤岩动力系统的运动过程是动力学过程,应采用动力学理论进行描述。

2.1.1.1 煤岩动力系统的动力微分方程

煤岩动力系统的动力微分方程表示为

$$[M]\{\ddot{u}\} + \{g(\dot{u},t)\} + \{f(u,t)\} = \{P(t)\} \tag{2.1}$$

式中,$[M]\{\ddot{u}\}$ 描述惯性力,$[M]$ 为质量矩阵,$\{\ddot{u}\}$ 描述加速度;$\{g(\dot{u},t)\}$ 描述阻尼力,$\{\dot{u}\}$ 描述速度,t 为时间;$\{f(u,t)\}$ 描述变形抗力,$\{u\}$ 描述位移;$\{P(t)\}$ 描述外力。

考虑微小时间增加 Δt,采用非线性系统的一阶近似,得系统动力微分方程增量形式为

$$[M]\{\Delta\ddot{u}\} + [D]\{\Delta\dot{u}\} + [K]\{\Delta u\} = \{\Delta P(t)\} \tag{2.2}$$

式中,$\{\Delta\ddot{u}\}$ 为加速度增量矩阵;$\{\Delta\dot{u}\}$ 为速度增量矩阵;$\{\Delta u\}$ 为位移增量矩阵;$[D]$ 为阻尼系数矩阵;$[K]$ 为刚度系数矩阵;$\{\Delta P(t)\}$ 为 t 时刻的外力增量矩阵。

初始条件:$\{u\}_{|t=t_0} = \{u(x,t_0)\}$,$\{\dot{u}\}_{|t=t_0} = \{\dot{u}(x,t_0)\}$。

边界条件:$\{u\}_{|x=x_0} = \{u(x_0,t)\}$,$\{\dot{u}\}_{|x=x_0} = \{\dot{u}(x_0,t)\}$。

不考虑变形效应的动力系统称为运动系统,其动力微分方程的增量形式为

$$[M]\{\Delta\ddot{u}\} + [D]\{\Delta\dot{u}\} = \{\Delta P(t)\} \tag{2.3}$$

只考虑变形效应的动力系统称为变形系统,其动力微分方程的增量形式为

$$[\boldsymbol{K}]\{\Delta \boldsymbol{u}\} = \{\Delta \boldsymbol{P}(t)\} \tag{2.4}$$

2.1.1.2 煤岩动力系统的状态与状态变量

系统的状态指系统有机整体的过去、现在与将来所处的状态。状态变量是可以确定系统状态的、数目最小的描述系统的一组变量,表示为 $x_i, i = 1, 2, \cdots, n, n$ 为状态变量的个数。状态变量 x_i 在 t 时刻的值 $x_i(t)$,确定了系统在该时刻的状态, $i = 1, 2, \cdots, n$。已知状态变量 x_i 在 t 时刻的值 $x_i(t)$,以及系统的输入,则系统将来行为就完全可以确定。利用状态变量来描述系统运动规律的微分方程组称为状态方程,表示为 $\dot{x} = f(c, x, t), x$ 为状态变量, c 为控制变量。煤岩动力系统的状态变量可以是位移 u、速度 $\dot{u}$、加速度 $\ddot{u}$,根据具体情况确定。对于变形系统,为位移 u;对于运动系统,为速度 $\dot{u}$、加速度 $\ddot{u}$。

2.1.1.3 煤岩动力系统的控制与控制变量

系统的控制指对系统演化过程的控制。系统演化过程是指控制变量驱动状态变量不断产生量变以达到质变的过程。控制变量是连续渐变的,由此导致系统的变化可能是突变的。在状态方程 $\dot{x} = f(c, x, t)$ 中 c 为控制变量。煤岩动力系统的控制变量可以是刚度系数 K、阻尼系数 D,根据具体情况确定。对于变形系统,为刚度系数 K;对于运动系统,为阻尼系数 D。

2.1.1.4 煤岩动力系统的扰动与扰动变量

(1) 运动系统及其稳定性

若在某种干扰作用下,系统的状态变量为 $x_0(\neq x_e)$,则 $\dot{x} = f(c, x, t), x(t_0) = x_0$ 决定的瞬态运动 $x = x(t, x_0, t_0)$,称为被扰运动,即初始扰动 $x_0 - x_e$ 引起的运动,记为 $x(t)$。对于每一个初始状态 $x(t_0) = x_0$ 确定唯一的解 $x(t) = x(c, t, x_0, t_0)$。

对一个具体的运动系统 $x = g(t), x_i = g_i(t)$,在初始时刻 t_0 系统受到干扰,状态由 x_0 变为 $\tilde{x}_0$。由 $\tilde{x}_0$ 确定的运动 $x(t) = x(t, \tilde{x}_0, t_0)$,即描述受扰动系统的初值问题为 $\dot{x} = f(x, t), x(t_0) = \tilde{x}_0$。在未扰的给定运动 $x = g(t)$ 的某 H 邻域 $|x_i - g_i(t)| < H$ 中:

① 若对任意给定的正数 $\varepsilon(< H)$,都可以找到一个正数 $\delta(t_0, \varepsilon)$,使得对任意满足 $|\tilde{x}_{i0} - x_{i0}| \leqslant \delta$ 的初始状态 $\tilde{x}_0$,系统的解 $x(t)$ 对一切 $t \geqslant t_0$ 均满足 $|x_i - g_i(t)| < \varepsilon$,称未扰的给定运动是稳定的。

② 若未扰的给定运动 $x = g(t)$ 是稳定的,且有 $\lim\limits_{t \to \infty} x_i(t) = g(t)$,称未扰的给定运动是渐进稳定的。

③ 若未扰的给定运动是不稳定的,则系统运动是不稳定的。

(2) 扰动及系统的稳定性

给定运动 $x = g(t)$ 的一个初始扰动向量 $\boldsymbol{y}(t_0) = \tilde{x}_0 - x_0$、扰动向量 $\boldsymbol{y}(t) =$

$x(t) - g(t)$,扰动变量 $y_i(t) = x_i(t) - g_i(t)$。$\dot{y} = F(y,t) = \dot{x} - \dot{g} = f(y + g(t),$ $t) - f(g(t),t)$,满足条件 $F(0,t) \equiv 0$。在 $y = 0$ 的 H 邻域 $|y_i| < H$ 中:

① 若对任意给定的正数 $\varepsilon(< H)$,都可以找到一个正数 $\delta(t_0,\varepsilon)$,使得当初始扰动 y_0 满足 $|y_{i0}| \leqslant \delta$ 时,被扰运动 $y_i(t) = y_i(t,y_0,t_i)$,对一切 $t \geqslant t_0$ 均满足 $|y_i(t)| < \varepsilon$,称给定的扰动运动 $x = g(t)$ 是稳定的。

② 若给定运动 $x = g(t)$ 是稳定的,且有 $\lim\limits_{t \to \infty} y_i(t) = g(t)$,称未扰的给定运动 $x = g(t)$ 是渐进稳定的。

③ 若给定运动 $x = g(t)$ 是不稳定的,则系统运动是不稳定的。

扰动有确定的,也有随机的。煤岩动力系统的动态激扰有爆破、行车、地震等;静力激扰有开挖、充填等;其他激扰有四季温变、昼夜温差、湿度变化等。

煤岩动力系统中,随外力逐渐增加,系统从弹性过渡到塑性,系统的稳定度逐渐降低。达到强度极限时,处于临界平衡点,稳定度变为 0。强度极限后,稳定度为负值,其绝对值越大越不稳定。

如果选择巷道围岩或采掘工作面影响范围内的煤体作为一个煤岩动力系统,则煤体压缩型冲击地压是该系统的整体失稳。如果选择顶板-煤体-底板作为一个煤岩动力系统,则顶板断裂造成的煤体压缩型冲击地压是该系统的局部失稳,顶板断裂造成的顶板断裂型冲击地压是该系统的整体失稳。

一处(局部)煤体冲击,诱发其他处(另一局部)煤体冲击,或者顶底板冲击,可造成全局整体性系统失稳。

系统扰动,对状态变量无直接影响,直接影响控制变量。控制变量控制着系统的结构形式、演化过程及其稳定性。在系统的平衡点附近,控制变量的微小变化可以导致系统从一种状态变为另一种状态。

2.1.2 煤岩动力系统稳定性理论

2.1.2.1 李雅普诺夫函数判据

系统扰动方程 $\dot{x} = f(x)$,在原点的邻域内,解存在并唯一。设系统的李雅普诺夫函数为 V。在原点邻域 Ω 里如能找到一个正(或负)定函数 $V > 0$(或 $V < 0$),其沿解的导数是常负(或常正)的,即 $\dot{V} = W \leqslant 0$(或 $\dot{V} = W \geqslant 0$),则系统在原点是稳定的。如能找到一个正(或负)定函数 $V > 0$(或 $V < 0$),其沿解的导数是负(或正)定的,即 $\dot{V} = W > 0$(或 $\dot{V} = W < 0$),则系统在原点是渐近稳定的。如存在一个不是常负的函数 V,沿解的全导数是正(或负)定的,则系统在原点是不稳定的。

如果 V 沿解的全导数可表示为

$$\dot{V} = \lambda V + W \tag{2.5}$$

式中,λ 是大于 0 的常数,$W = W(x)$ 为正函数,而 V 不是常负,则系统在原点是不稳定的。

选岩石试件为单位质量,则运动方程变为

$$\ddot{u} + g(\dot{u}) + f(u) = 0 \tag{2.6}$$

式中,u 为系统的变形;$g(\dot{u})$ 为系统的阻尼力;$f(u)$ 为系统的变形力。

令 $u_1 = u, u_2 = \dot{u}$,则状态方程为

$$\begin{cases} \dot{u}_1 = u_2 \\ \dot{u}_2 = -g(u_2) - f(u_1) \end{cases}, u \to \infty \text{ 时}, \int_0^{u_1} f(u_1)\mathrm{d}u_1 \to \infty$$

系统的动能为 $V_1 = \dfrac{1}{2}u_2^2$,系统的变形势能为 $V_2 = \displaystyle\int_0^{u_1} f(u_1)\mathrm{d}u_1$,则李雅普诺夫函数为

$$V = V_1 + V_2 = \frac{1}{2}u_2^2 + \int_0^{u_1} f(u_1)\mathrm{d}u_1 \tag{2.7a}$$

$$\dot{V} = u_2\dot{u}_2 + f(u_1)\dot{u}_1 = -u_2 g(\dot{u}_2) \tag{2.7b}$$

如果 u_2 增加的同时,$g(u_2)$ 也在增加,则满足 $\dot{V} = -u_2 g(u_2) = W < 0$,则系统在原点是渐进稳定的。

如果 u_2 增加的同时,$g(u_2)$ 却在减小,则满足 $\dot{V} = -u_2 g(u_2) = W > 0$,则系统在原点是不稳定的。

李雅普诺夫函数通常由系统的机械能构成,如下

$$\boldsymbol{V}(\boldsymbol{Y}) = \frac{1}{2}\boldsymbol{Y}_2^\mathrm{T}\boldsymbol{M}\boldsymbol{Y}_2 + \frac{1}{2}\boldsymbol{Y}_1^\mathrm{T}\boldsymbol{M}\boldsymbol{Y}_1,$$

$$\boldsymbol{V}(\boldsymbol{Y}) = \frac{1}{2}\boldsymbol{Y}_2^\mathrm{T}\boldsymbol{M}\boldsymbol{Y}_2 + \frac{1}{2}\boldsymbol{Y}_1^\mathrm{T}\boldsymbol{K}\boldsymbol{Y}_1, \tag{2.8}$$

$$\dot{\boldsymbol{V}}(\boldsymbol{Y}) = -\boldsymbol{Y}_2^\mathrm{T}\boldsymbol{D}\boldsymbol{Y}_1$$

在复杂应力条件下,固有解失稳的条件:刚度矩阵 $\boldsymbol{K}$ 或阻尼系数矩阵 $\boldsymbol{D}$ 为非正定。

2.1.2.2 能量判据

系统总势能为

$$\varPi = U_E - W + U_S + U_D \tag{2.9}$$

式中,U_E 为变形能;W 为外力功;U_S 为耗散能;U_D 为动能。

若没有能量耗散,则 $U_S = 0$。若不考虑运动动能,则 $U_D = 0$。则总势能变为 $\varPi = U_E - W$,应变能 $U_E = \dfrac{1}{2}\displaystyle\int_V \{\boldsymbol{\varepsilon}\}^\mathrm{T}[\boldsymbol{D}]\{\boldsymbol{\varepsilon}\}\mathrm{d}x\mathrm{d}y\mathrm{d}z$,外力功 $W = \displaystyle\int_V [Xu + Yv + Zw]\mathrm{d}V +$

$\int_S [p_x u + p_y v + p_z w] dS$。设 $\boldsymbol{Q}$ 为体力, $\boldsymbol{Q} = \{X, Y, Z\}^T$; $\boldsymbol{p}$ 为面力, $\boldsymbol{p} = \{p_x, p_y, p_z\}^T$。

由最小势能原理,得

$$\delta\Pi = \delta(U - W) = 0 \tag{2.10}$$

根据 Dirichlet 准则, $\delta^2\Pi \leqslant 0$ 时,系统不稳定。

2.1.2.3 特征值判据

将动力方程组化为原点稳定性问题处理,状态变量 $X_1 = \Delta u, X_2 = \Delta \dot{u}$,则

$$\dot{\boldsymbol{X}} = \boldsymbol{\Lambda X} + \Delta \boldsymbol{P} \tag{2.11}$$

式 中 $\dot{\boldsymbol{X}} = \{\dot{X}_1, \dot{X}_2\}^T$; $\boldsymbol{X} = \{X_1, X_2\}^T$; $\Delta \boldsymbol{P} = \{0, \Delta P(t)\}^T$; $\boldsymbol{\Lambda} = \begin{bmatrix} 0 & [\boldsymbol{I}] \\ -[\boldsymbol{M}]^{-1}[\boldsymbol{K}] & -[\boldsymbol{M}]^{-1}[\boldsymbol{D}] \end{bmatrix}$。

设 $\boldsymbol{X} = \boldsymbol{S}(t)$ 是方程的解,扰动向量 $\boldsymbol{Y} = \boldsymbol{X} - \boldsymbol{S}(t)$,则 $\boldsymbol{X} = \boldsymbol{Y} + \boldsymbol{S}(t)$, $\dot{\boldsymbol{Y}} = \boldsymbol{\Lambda Y}$, $f(0, t) = 0$。

$\boldsymbol{\Lambda}$ 的特征方程为

$$\left| \begin{bmatrix} 0 - \lambda[\boldsymbol{I}] & [\boldsymbol{I}] \\ -[\boldsymbol{M}]^{-1}[\boldsymbol{K}] & -[\boldsymbol{M}]^{-1}[\boldsymbol{D}] - \lambda[\boldsymbol{I}] \end{bmatrix} \right| = |\lambda^2[\boldsymbol{I}] + \lambda[\boldsymbol{D}] + [\boldsymbol{K}]| = 0 \tag{2.12a}$$

$$\sum_{i=0}^{n} \alpha_i \lambda^{n-i} = 0, \alpha_0 = 1 \tag{2.12b}$$

$\boldsymbol{H}$ 矩阵(Hurwitz 矩阵)的 n 个主子式为

$$\boldsymbol{\Delta}_1 = \alpha_1, \boldsymbol{\Delta}_2 = \begin{vmatrix} \alpha_1 & \alpha_3 \\ \alpha_0 & \alpha_2 \end{vmatrix}, \cdots, \boldsymbol{\Delta}_n = |\boldsymbol{H}| \tag{2.13}$$

特征方程的根均具有负实部的充要条件为 $\boldsymbol{H}$ 矩阵的主子式均大于 0,即

$$\boldsymbol{\Delta}_i > 0 \tag{2.14}$$

在 n 个判别式中,如果有一个或 k 个不满足条件(正实部),则系统就会出现不稳定。

2.1.2.4 系统的实质性变量

以上能量判据、特征值判据、李雅普诺夫函数判据都给出了系统稳定性的必要条件,很难判断或确定系统中哪些子系统不稳定,也很难确定其稳定度。

对于一不显示时间的自洽动力系统,状态变量为 $x_i, i = 1, 2, \cdots, n$,控制变量为 $c_\alpha, \alpha = 1, 2, \cdots, m$,势函数为 $V = V(\{x_i\}, \{c_\alpha\})$。

在系统临界平衡点,如果势函数取极小值,平衡状态是稳定的;如果势函数取极大值,平衡状态是非稳定的。即势函数的梯度 $\nabla V = 0$ 确定了系统的奇点,即临界

平衡点。平衡点的稳定性由势函数对状态变量二阶导数矩阵来判断,即 $V_{,ij} = \dfrac{\partial^2 V}{\partial x_i \partial x_j}$(Hessen 矩阵)。

如果 $\nabla V = 0, \det V_{,ij} \neq 0$ 成立时,由 $\nabla V = 0$ 确定的平衡点为孤立奇点(Morse 奇点);如果 $\nabla V = 0, \det V_{,ij} = 0$ 成立时,由 $\nabla V = 0$ 确定的平衡点为非孤立奇点(非 Morse 奇点)。

对应势函数的 Morse 部分和非 Morse 部分,将状态函数分为非实质性变量和实质性变量。在系统的非稳定区域中,与不稳定区域有关的变量称为系统的实质性变量(与稳定性有关),与系统不稳定区域无关的变量为非实质性变量。系统扰动不会对状态变量产生直接影响,会直接影响控制变量。

状态变量 $x_i, i = 1, 2, \cdots, l$,控制变量 $c_a, \alpha = 1, 2, \cdots, m$,构成 $l+m$ 状态空间,其平衡曲面(定态曲面)由势函数对状态变量的一阶偏导数 $\nabla V = 0$ 决定,维数是 $l+m-1$。平衡曲面描述了系统的定态解和控制变量之间的关系,控制变量的不同取值对应的状态解全部体现在平衡曲面上。为系统判断所处的状态,要求 $\det V_{,ij} = 0$,这就确定了系统的全部非孤立奇点集。如果控制变量在某一值 c_c 附近有一微小变化,就会使系统的运动状态发生根本改变,这时系统产生的现象称为分支,控制变量称为分支参数,c_c 就是分支点。从 $\nabla V = 0, \det V_{,ij} = 0$ 中消去状态变量,就可得到表述控制变量关系的方程,由这些方程确定的全体解称为分支点集。分支点集把参数空间分成若干个区域,这就可确定控制变量在何范围内系统是稳定的,在何范围内是不稳定的,其影响因素是什么,如何通过调整系统的状态来实现控制系统稳定性的目的。

2.1.2.5 系统的序变量

对于复杂系统,设 n 个子系统的状态变量为 $x_1, x_2, \cdots, x_n$,力函数为 $\{f_i(x_1, x_2, \cdots, x_n)\}$。将力函数在平衡点 x_i 处展开,得

$$f_i(x_1, x_2, \cdots, x_n) = f_i(x_1, x_2, \cdots, x_i, \cdots, x_n) - \gamma_i x_i + g_i(x_1, x_2, \cdots, x_n)$$

(2.15)

式中,γ_i 称为阻尼系数(γ_i^{-1} 为弛豫时间)。

控制方程为 $\dfrac{\mathrm{d}x_j}{\mathrm{d}t} = -\gamma_j x_j + g_j(x_i)$,即

$$\dot{X} = [A]X + G \tag{2.16}$$

式中,$[A]$ 为阻尼系数矩阵,是一对角矩阵,其行列式的特征值为 $\lambda_i = \gamma_i$。

考虑系统在瞬时时刻为绝热过程,有 $\dot{X} = 0$,则 $[A]X + G = 0$,解出状态变量

$$X = [A]^{-1}G \tag{2.17}$$

设系统中某一组参数 γ_s 的值非常大,称为大阻尼;另一组参数 γ_k 的值非常

小,称为小阻尼。γ_s 值非常大,持续时间就短,对应状态变量 x_s 的变化非常快,称为快变量;γ_k 值非常小,持续时间就长,对应状态变量 x_k 的变化非常慢,称为慢变量。快变量变化迅速,对系统生存和发展作用小;慢变量变化慢,上升或衰减速度很小,在平衡点的连续缓慢变化却支配着系统的演化进程和演化结果。处于支配地位的慢变量称为序变量,将系统的序变量支配、控制系统快变量变化以及系统演化过程和结果的原理称为支配原理。

2.1.2.6　系统的分叉

系统的状态变量的演化受到控制变量的支配。存在分叉点是系统发生失稳的必要条件。对于一维系统 $\dot{x} = f(x, \gamma)$,平衡点的稳定性由 Jacobi 矩阵特征值决定。如果 $\xi = \dfrac{\partial f}{\partial x} < 0$,系统是稳定的,反之相反;当 $\xi = \dfrac{\partial f}{\partial x} = 0$ 时,平衡点可由稳定转换成不稳定,是分叉点的必要条件。在参数空间中,分叉点对应着一个参数临界点,其必要充分条件是

$$\frac{\partial f}{\partial x} = 0, \frac{\partial f}{\partial \gamma} = 0 \tag{2.18}$$

分叉主要包括叉式分叉、切式分叉、亚临界 Hopf 分叉等。叉式分叉是 Jacobi 矩阵特征值沿复平面实轴穿过虚轴。

2.2　冲击地压分类

目前冲击地压发生理论主要有强度理论、刚度理论、能量理论、冲击倾向性理论和失稳理论,分别从不同角度出发对冲击地压发生机理进行了解释,但这些理论还不能够完全揭示冲击发生机理以及达到机理非常清晰、规律非常明确的程度。煤层赋存条件千变万化,地质构造极为复杂,开采技术条件变化多端,造成煤岩动力系统的结构形式和外部环境多种多样,所以,冲击地压的诱发因素和显现形式也是多种多样的。应采取科学的方法进行冲击地压的分类,进而针对不同类型冲击地压进行研究,实现准确预测和有效防治。

煤矿井下动力现象有许多不同类别。国际经贸委员会欧洲能源协会煤炭劳动分会基于冲击地压的能量理论、煤与瓦斯突出的能量理论等,对煤岩动力现象进行了分类。根据能量源分为冲击地压、瓦斯喷出、煤与瓦斯突出和与岩体结构构造有关的动力现象(包括除上述动力现象外的一切由岩体震动的地震波引发的动力现象)等四种。根据强度细分为弱、中等、强、灾害四类。

目前冲击地压的分类方法有多种:根据冲击地压发生原因分为压力型、突发型、爆裂型;根据冲击时释放能量大小分为微冲击、弱冲击、中等冲击、强烈冲击、

灾害性冲击；根据煤岩体应力来源及加载方式分为重力型、构造型、震动型和综合型；根据显现强度分为弹射、煤炮、微冲击和强冲击；根据力学机制分为煤岩体压应力型、顶底板受拉应力型、断层走滑受剪型；根据释放能量的主体分为煤体压缩型、顶板断裂型、断层错动型；G. 布霍依诺最早根据冲击地压对矿山工程危害大小将其分为轻微、中等和严重三类。

煤炭工业部（1983）根据破坏后果，将冲击地压分为一般冲击地压、破坏性冲击地压和冲击地压事故。

赵本钧[114]研究了龙凤矿的冲击地压，将其分为煤爆、浅部冲击和深部冲击。

王乃鹏[115]根据煤（岩）体的受力来源将冲击地压分为重力型和构造型，考虑采动因素又细分为采动重力型、采动构造型和复合型。采动重力型冲击地压又分为自爆型和扰动型两个亚型，采动构造型冲击地压分为断线型和区段型两个亚型，复合型冲击地压分为本井田应力型和大区域应力型两个亚型。

邰英楼等[116]将冲击地压分为采掘诱发的煤（岩）体压应力型冲击地压、顶底板受拉应力型冲击地压及断层走滑受剪型冲击地压三类。张若祥[117]在案例分析的基础上提出了冲击地压分类方案。

李长洪等[118]根据硐室围岩破裂源的空间位置将冲击灾害划分为岩爆、冲击地压和矿震三类。

根据冲击地压显现位置的埋深，可分为浅埋煤层冲击地压和深埋煤层冲击地压。蓝航[119]针对神新矿区浅埋煤层开采过程中频繁发生的冲击地压事故，结合现场分析认为神新矿区存在4种类型的冲击地压：工作面坚硬顶板垮落型、巷道应力叠加型、45°急倾斜煤层顶板悬顶型、87°近直立煤层岩柱撬动型。

齐庆新等[120]对冲击地压矿井进行了分类，即浅部冲击地压矿井、深部冲击地压矿井、构造冲击地压矿井、坚硬顶板冲击地压矿井和煤柱冲击地压矿井。

王来贵等[113]将冲击地压分为煤岩体压应力型、顶底板受拉应力型、断层走滑受剪型。煤岩体压应力型冲击地压是采掘中最常见的一种失稳形式，约占总数的80%。顶底板受拉应力型冲击地压是指当采矿进行到一定程度后，具有坚硬的厚而完整的岩石顶底板大面积悬空而发生的顶底板突然断裂。矿井中不连续面冲击地压主要指层理、断层等不连续面间突然错动、猛烈释放能量的现象。煤矿中发生在不连续面的冲击地压主要是断层面冲击地压。

潘一山等[121]根据释放能量的主体将冲击地压分为煤体压缩型冲击地压、顶板断裂型冲击地压和断层错动型冲击地压三种基本类型。煤体压缩型冲击地压是煤体压缩失稳而产生的，包括重力引起的和水平构造应力引起的两种，多发生在厚煤层开采的采煤工作面和回采巷道中。顶板断裂型冲击地压是顶板岩石拉伸失稳而产生的,多发生在工作面顶板为坚硬、致密、完整且厚,煤层开采后形成采空区大面积空顶的岩体中。断层错动型冲击地压是断层围岩体剪切失稳而产生的,多发生在采掘活动接近断层时,受采矿活动影响而使断层突然破裂错动。

从以上各种不同分类方法来看,虽然各有特点,但潘一山、王来贵的分类方法具有更大的合理性。本书结合这两种方法的优点,主要采用潘一山的分类名称,将冲击地压分为三种基本类型:煤岩体压缩型冲击地压、顶底板断裂型冲击地压和断层错动型冲击地压。

2.3 冲击地压扰动响应失稳机理

下面针对不同类型的冲击地压,分析其扰动响应失稳机理。

2.3.1 煤岩体压缩型冲击地压

以冲击地压发生时所波及的煤岩体为主构建煤岩动力系统,主要有巷道围岩、煤柱及其顶底板、采掘工作面等。除煤岩体子系统外,还包括支护子系统,但不考虑地质构造影响。

系统的状态变量为煤岩体的位移、支护体系的位移,以煤岩体和支护的变形量描述,以压缩变形为主要变形形式。控制变量为煤岩体的刚度、支护体系的刚度,以及系统整体刚度,以煤岩体和支护的材料模型和结构模式来描述。系统边界为包围震源和显现点在内的受影响范围的封闭曲面。扰动变量为采掘活动产生的施加于该系统的广义力,包括载荷增量和位移增量。响应变量为描述系统平衡状态和结构形式变化等动力现象的特征量。

煤岩体压缩型冲击地压在孕育过程中,煤岩体与支护体产生压缩变形,积聚压缩变形能,并在子系统中不断累积、传播、转移、耗散。如果逐渐远离临界平衡状态,则系统稳定度增加,发生冲击地压的可能性降低;如果逐渐趋近临界平衡状态,则系统稳定度降低,发生冲击地压的可能性增加。当系统处于临界平衡状态时,如果遇外部扰动,煤岩子系统释放大量压缩变形能,系统将会失稳而发生冲击地压。

2.3.2 顶底板断裂型冲击地压

以冲击地压发生时所波及的煤层-采空区-顶底板为主构建煤岩动力系统。除顶板子系统、煤体子系统、底板子系统外,还包括支护子系统。在顶板子系统、煤体子系统、底板子系统中,考虑地质构造影响。系统的状态变量为顶板位移、煤体位移、底板位移、支护体系位移,以煤岩体和支护的变形量描述。顶板子系统和底板子系统以弯曲变形(或剪切变形)为主要变形形式,以拉破裂(或剪切破裂)为主要破坏形式;煤体子系统和支护子系统以压缩变形为主要变形形式。控制变量为顶板刚度、底板刚度、煤体刚度、支护体刚度,以及系统的刚度,以顶底板岩体的材料模型、煤体和支护的材料模型和结构模式、整体结构模式来描述。系统边界为包围震源和显现点在内的受影响范围的封闭曲面。扰动变量为采掘活动产生的施加于该系统的广义力,包括载荷增量和位移增量。响应变量为描述系统平衡状态和结构形式变化等动力现象的特征量。

顶底板断裂型冲击地压在孕育过程中,顶底板产生弯曲变形(或剪切变形)、煤体与支护体产生压缩变形,积聚变形能,并在各子系统中不断累积、传播、转移、耗散。系统的整体稳定性受子系统稳定性所制约。当该子系统处于临界平衡状态时,如果遇外部扰动,该子系统将会失稳,进而可能诱发系统失稳而发生冲击地压。

当煤体子系统首先失稳时,如果没有诱发顶板子系统或底板子系统失稳,则为煤体压缩型冲击地压。如果诱发顶板子系统或底板子系统失稳,则为顶底板断裂型冲击地压。如果诱发断层失稳,则为断层错动型冲击地压。当顶板子系统首先失稳时,如果没有诱发煤体子系统或底板子系统失稳,则为顶板断裂型冲击地压。如果诱发煤体子系统或底板子系统失稳或断层失稳,则为顶底板断裂型冲击地压。

2.3.3　断层错动型冲击地压

以冲击地压发生时所波及的断层上下盘围岩和断层带为主构建煤岩动力系统。系统的状态变量为断层上下盘围岩位移、断层带介质位移,以断层上下盘围岩和断层带的变形量描述。断层以压剪变形为主要变形形式,以上下盘错动为主要破坏形式。控制变量为断层上下盘围岩刚度、断层带材料刚度,以及系统的刚度,以断层上下盘围岩和断层带的材料模型和结构模式、整体结构模式来描述。系统边界为包围断层上下盘围岩和断层带在内的受影响范围的封闭曲面。扰动变量为采掘活动产生的施加于该系统的广义力,包括载荷增量和位移增量。响应变量为描述系统平衡状态和结构形式变化等动力现象的特征量。

断层错动型冲击地压在孕育过程中,断层上下盘围岩和断层带介质产生压剪变形,积聚变形能,并在断层上下盘围岩子系统和断层带子系统中不断累积、传播、转移、耗散。如果逐渐远离临界平衡状态,则系统稳定度增加,发生冲击地压的可能性降低;如果逐渐趋近临界平衡状态,则系统稳定度降低,发生冲击地压的可能性增加。当系统处于临界平衡状态时,如果遇外部扰动,系统释放大量压剪变形能,系统将会失稳而发生冲击地压。

2.4 冲击地压扰动响应失稳判据

下面基于不同类型冲击地压的扰动响应失稳机理,建立扰动响应失稳判据。

2.4.1 煤岩体压缩型冲击地压

建立煤岩体-支护动力系统,包含煤岩体子系统 1、支护体子系统 2,忽略惯性和阻尼。选择支护体位移为 0 的位置为广义坐标的原点,则状态变量为煤岩体位移 u_1、支护体位移 u_2。控制变量为煤岩体刚度 K_1、支护体刚度 K_2。煤体子系统 1 的广义坐标为 $q_1 = u_1 - u_2$,广义变形力为 $S_1 = K_1 q_1$;支护子系统 2 的广义坐标为 $q_2 = u_2$,广义变形力为 $S_2 = K_2 q_2 - K_1 q_1$。煤体子系统 1 的载荷为 P_1,支护子系统 2 的载荷为 P_2,得平衡方程

$$S_1 = P_1, S_2 = P_2 \tag{2.19}$$

即

$$K_1(u_1 - u_2) = P_1, K_2 u_2 - K_1(u_1 - u_2) = P_2 \tag{2.20}$$

矩阵形式为

$$[\boldsymbol{K}]\{\boldsymbol{u}\} = \{\boldsymbol{P}\} \tag{2.21}$$

式中,刚度矩阵 $[\boldsymbol{K}] = \begin{bmatrix} K_1 & -K_1 \\ -K_1 & K_1 + K_2 \end{bmatrix}$;$\{\boldsymbol{u}\}$ 为位移向量;$\{\boldsymbol{P}\}$ 为载荷向量。

当满足 $\det[\boldsymbol{K} - \lambda \boldsymbol{I}] = 0$ 时,系统处于临界状态,在外界扰动下失稳,发生冲击地压。如果 $[\boldsymbol{K}]$ 是正定的,则系统、子系统是稳定的,不破坏,或属于强度问题的稳定破坏。如果 $[\boldsymbol{K}]$ 是非正定的,则失稳。如果 $K_1 \leqslant 0$,则子系统 1 失稳,发生煤岩体压缩型冲击地压。如果仅 $K_1 + K_2 \leqslant 0$,则系统 1 或系统 2 失稳,发生煤体压缩型冲击地压或支护系统失稳而诱发煤体冲击。

2.4.2 顶底板断裂型冲击地压

建立采空区-煤层-顶底板动力系统,包含顶板子系统 1、煤体子系统 2、底板子系统 3,忽略惯性和阻尼。选择底板位移为 0 的位置为广义坐标的原点,则状态变量为顶板位移 u_1、煤层位移 u_2、底板位移 u_3。控制变量为顶板刚度 K_1、煤层刚度 K_2、底板刚度 K_3。顶板子系统 1 的广义坐标为 $q_1 = u_1 - u_2$,广义变形力为 $S_1 = K_1 q_1$;煤层子系统 2 的广义坐标为 $q_2 = u_2 - u_3$,广义变形力为 $S_2 = K_2 q_2 - K_1 q_1$;底板子系统 3 的广义坐标为 $q_3 = u_3$,广义变形力为 $S_3 = K_3 q_3 - K_2 q_2$。顶板子系统 1

的载荷为 P_1,煤层子系统 2 的载荷为 P_2,底板子系统 3 的载荷为 P_3,得平衡方程

$$S_1 = P_1, S_2 = P_2, S_3 = P_3 \tag{2.22}$$

即

$$K_1(u_1 - u_2) = P_1 \tag{2.23a}$$

$$K_2(u_2 - u_3) - K_1(u_1 - u_2) = P_2 \tag{2.23b}$$

$$K_3 u_3 - K_2(u_2 - u_3) = P_3 \tag{2.23c}$$

矩阵形式为

$$[\boldsymbol{K}]\{\boldsymbol{u}\} = \{\boldsymbol{P}\} \tag{2.24}$$

式中,刚度矩阵 $[\boldsymbol{K}] = \begin{bmatrix} K_1 & -K_1 & 0 \\ -K_1 & K_2+K_1 & -K_2 \\ 0 & -K_2 & K_3+K_2 \end{bmatrix}$；$\{\boldsymbol{u}\}$ 为位移向量；$\{\boldsymbol{P}\}$ 为载荷向量。

当满足 $\det[\boldsymbol{K} - \lambda \boldsymbol{I}] = 0$ 时,系统处于临界状态,在外界扰动下失稳,发生冲击地压。如果 $[\boldsymbol{K}]$ 是正定的,则系统、子系统是稳定的,不破坏或属于强度问题的稳定破坏。如果 $[\boldsymbol{K}]$ 是非正定的,则失稳。如果 $K_1 \leqslant 0$,则子系统 1 失稳,发生顶板断裂型冲击地压。如果仅 $K_1 + K_2 \leqslant 0$,则系统 1 或系统 2 失稳,发生顶板断裂型冲击地压或顶板断裂诱发煤体压缩型冲击地压。如果仅 $K_2 + K_3 \leqslant 0$,则系统 2 或系统 3 失稳,发生底板断裂型冲击地压或底板断裂诱发煤体压缩型冲击地压。

从力学角度看,岩石破坏的实质是剪切破坏,如果将顶板视为以剪切变形为主更加符合实际。如果将顶板简化为剪切梁,以剪切变形为主,状态变量为挠度(下沉量),控制变量为抗剪刚度。由于顶板以剪切变形为主,局部剪应力集中,而岩体抗剪强度较低,故顶板的微破裂(晶间错动)经常发生。每一个微破裂都是一次剪切失稳释放能量而产生微震的过程。当剪应力区足够大时,由于系统不断受到扰动,微破裂不断增加,宏观抗剪强度减弱,顶板岩层抗剪刚度逐渐劣化,子系统稳定度逐渐降低。当达到临界平衡状态时,发生顶板断裂型冲击地压。

2.4.3 断层错动型冲击地压

建立断层上盘-断层带-断层下盘动力系统,包含上盘子系统 1、断层带子系统 2、下盘子系统 3。选择下盘位移为 0 的位置为广义坐标的原点,则状态变量为上盘位移 u_1、断层带位移 u_2、下盘位移 u_3。控制变量为上盘刚度 K_1、断层带刚度 K_2、下盘刚度 K_3。上盘子系统 1 的广义坐标为 $q_1 = u_1 - u_2$,广义变形力 $S_1 = K_1 q_1$,阻尼力为 $G_1 = D_1 \dot{u}_1$；断层带子系统 2 的广义坐标为 $q_2 = u_2 - u_3$,广义变形力为 $S_2 = K_2 q_2 - K_1 q_1$,阻尼力为 $G_2 = D_2 \dot{u}_2$；下盘子系统 3 的广义坐标为 $q_3 = u_3$,广义

变形力为 $S_3 = K_3 q_3 - K_2 q_2$，阻尼力为 $G_3 = D_3 \dot{u}_3$。上盘子系统 1 的载荷为 P_1，断层带子系统 2 的载荷为 P_2，下盘子系统 3 的载荷为 P_3，得平衡方程

$$F_1 + G_1 + S_1 = P_1, F_2 + G_2 + S_2 = P_2, F_3 + G_3 + S_3 = P_3 \quad (2.25)$$

即

$$M_1 \ddot{u}_1 + D_1 \dot{u}_1 + K_1 u_1 - K_1 u_2 = P_1 \quad (2.26a)$$

$$M_2 \ddot{u}_2 + D_2 \dot{u}_2 - K_1 u_1 + (K_1 + K_2) u_2 - K_2 u_3 = P_2 \quad (2.26b)$$

$$M_3 \ddot{u}_3 + D_3 \dot{u}_3 - K_2 u_2 + (K_2 + K_3) u_3 = P_3 \quad (2.26c)$$

矩阵形式为

$$[M]\{\ddot{u}\} + [D]\{\dot{u}\} + [K]\{u\} = \{P\} \quad (2.27)$$

式中，质量矩阵 $[M] = \begin{bmatrix} M_1 & 0 & 0 \\ 0 & M_2 & 0 \\ 0 & 0 & M_3 \end{bmatrix}$；刚度矩阵 $[K] =$

$\begin{bmatrix} K_1 & -K_1 & 0 \\ -K_1 & K_2 + K_1 & -K_2 \\ 0 & -K_2 & K_3 + K_2 \end{bmatrix}$；阻尼矩阵 $[D] = \begin{bmatrix} D_1 & 0 & 0 \\ 0 & D_2 & 0 \\ 0 & 0 & D_3 \end{bmatrix}$；$\{u\}$ 为位移向

量；$\{\dot{u}\}$ 为速度向量；$\{\ddot{u}\}$ 为加速度向量；$\{P\}$ 为载荷向量。

质量矩阵是正定的，则如果阻尼矩阵是正定的，当满足 $\det[K - \lambda I] = 0$ 时，系统处于临界状态，在外界扰动下失稳，发生冲击地压。如果 $[K]$ 是正定的，则系统、子系统是稳定的，不破坏或属于强度问题的稳定破坏。如果 $[K]$ 是非正定的，则失稳。如果 $K_1 \leqslant 0$，则上盘子系统 1 失稳，发生上盘错动型冲击地压。如果仅 $K_1 + K_2 \leqslant 0$，则上盘子系统 1 或断层带子系统 2 失稳，发生上盘错动型冲击地压或断层带失稳诱发上盘错动型冲击地压。如果仅 $K_2 + K_3 \leqslant 0$，则断层带子系统 2 或下盘子系统 3 失稳，发生下盘错动型冲击地压或断层带失稳诱发下盘错动型冲击地压。

断层错动以压剪变形为主，状态变量为上下盘相对错动位移量，控制变量为黏性系数和刚度。因为断层带介质很薄，且强度很低，可将上下盘视为不发生变形只产生刚体运动的刚体，则解析分析的数学推导过程将会大大简化。

如果阻尼矩阵是正定的，则断层系统的稳定性由上下盘刚度和断层带刚度控制。如果阻尼矩阵是非正定的，则断层系统的稳定性还与阻尼系数有关，所以，控制变量既包括系统刚度，还包括阻尼系数。

综上所述，煤岩动力系统的控制变量主要是系统的整体刚度及其子系统的刚度。由于煤岩材料具有应变软化性质，因此煤岩动力系统的整体刚度矩阵及其子系统的刚度矩阵存在非正定的可能性，这也是系统失稳发生冲击地压的内

因。煤岩动力系统处于井下复杂环境中,外部扰动是无处不在的,这也是系统失稳发生冲击地压的外因。

从能量角度考察煤岩动力系统,系统的总势能 Π 和子系统的势能由动能、变形能、外力功和耗散能等构成。在采掘活动进行过程中,作用于煤岩动力系统的外部载荷不断变化,总势能处于不断调整变化过程中,各子系统的势能也同时进行不断的积聚、耗散、传递、转移,系统的平衡状态是动态的。由最小势能原理和 Dirichlet 条件,煤岩动力系统失稳的必要条件为

$$\delta\Pi = 0, \delta^2\Pi \leqslant 0 \qquad (2.28)$$

这是冲击地压发生的必要条件,称为能量判据。

从控制变量角度考察煤岩动力系统,系统的外部扰动不会对系统的状态变量产生影响,但会影响系统的控制变量。系统的控制变量控制着系统的结构形式、演化过程及其稳定性。在系统临界平衡点附近,由于外部扰动,而使控制产生微小变化时,系统可能由一种状态变为另一种状态。设 t 时刻,煤岩变形系统处于平衡状态,以响应变量 ρ 描述系统的平衡状态,外部扰动为 Δ,引起控制变量 c 产生增量 δc,系统状态的改变以响应变量的增量 $\delta\rho$ 描述。如果外部扰动 Δ 引起的控制变量增量 δc 为有限量,产生的响应变量增量 $\delta\rho$ 也是有限量,则系统由一种平衡状态变化为原平衡状态附近的另一种平衡状态,系统不会失稳,冲击地压不会发生。如果外部扰动 Δ 引起的控制变量增量 δc 为有限量,产生的响应变量增量 $\delta\rho$ 为无限量,则系统由一种平衡状态变化为远离原平衡状态的另一种状态,系统失稳,冲击地压发生。据此,得到冲击地压发生判据的实用形式

$$\frac{\delta c}{\delta\rho} \rightarrow \frac{\mathrm{d}c}{\mathrm{d}\rho} = 0 \qquad (2.29)$$

式(2.29)称为冲击地压扰动响应失稳判据。

2.5 小结

冲击地压的发生是煤岩动力系统失稳现象。煤岩动力系统由煤层及其顶底板岩层、采掘空间、支护体系和断层等构造组成,在重力、上覆岩层压力及支护力等载荷作用下处于平衡状态。一般情况下,煤岩动力系统处于稳定平衡状态。当满足一定条件时,煤岩动力系统处于非稳定平衡的临界状态,在采掘活动等外部扰动作用下处于临界状态的煤岩动力系统丧失稳定性而发生冲击地压。

本章基于煤岩动力系统稳定性理论,建立了冲击地压扰动响应失稳理论,揭示了冲击地压扰动响应失稳机理,建立了冲击地压扰动响应失稳判据。

煤岩体压缩型冲击地压的系统状态变量为煤岩体和支护体系的位移,控制

变量为煤岩体的刚度、支护体系的刚度以及系统整体刚度,扰动变量为采掘活动产生的广义力,响应变量为描述系统平衡状态和结构形式变化等动力现象的特征量。

顶底板断裂型冲击地压的系统状态变量为顶板位移、煤体位移、底板位移、支护体系位移,控制变量为顶板刚度、底板刚度、煤体刚度、支护体刚度以及系统的刚度,扰动变量为采掘活动产生的施加于该系统的广义力,响应变量为描述系统平衡状态和结构形式变化等动力现象的特征量。

断层错动型冲击地压的系统状态变量为断层上下盘围岩位移、断层带介质位移,控制变量为断层上下盘围岩刚度、断层带材料刚度以及系统的刚度,扰动变量为采掘活动产生的施加于该系统的广义力,响应变量为描述系统平衡状态和结构形式变化等动力现象的特征量。

在冲击地压孕育过程中,煤岩体与支护体产生变形,积聚变形能,并在子系统中不断累积、传播、转移、耗散。如果逐渐远离临界平衡状态,则系统稳定度增加,发生冲击地压的可能性降低;如果逐渐趋近临界平衡状态,则系统稳定度降低,发生冲击地压的可能性增加。当系统处于临界平衡状态时,如果遇外部扰动,煤岩子系统释放大量变形能,系统将会失稳而发生冲击地压。

3 冲击地压发生条件与影响因素

　　本章根据冲击地压扰动响应失稳理论,对不同类型冲击地压构建煤岩动力系统,建立力学模型并进行解析分析,得到主要影响因素,为充填开采防治冲击地压奠定理论基础。

　　分别针对冲击地压的三种基本类型,建立力学分析模型,根据冲击地压扰动响应失稳理论,通过解析分析,得到不同类型冲击地压发生的临界条件,研究主要影响因素,为选择不同的充填开采方法防治冲击地压提供理论依据。

　　建立三种力学分析模型,即圆形断面巷道-围岩-支护系统、煤层-采空区-顶底板系统、断层-煤柱系统,在应力分析、应变分析的基础上,根据冲击地压扰动响应失稳理论,得到不同类型冲击地压发生的临界条件及其主要影响因素。

3.1 圆形断面巷道-围岩-支护系统

　　煤体压缩型冲击地压是冲击地压基本类型之一,简称煤体冲击,通常发生在巷道、采掘工作面煤壁、煤柱等煤矿井下典型结构的主要处于压缩变形状态的煤体中。本节通过建立圆形断面巷道-围岩-支护系统的简化模型,采用扰动响应失稳理论,解析分析煤体压缩型冲击地压,提出该类型冲击地压发生的临界条件,分析其主要影响因素。

　　如图 3.1 所示,设圆形断面巷道半径为 a。假设巷道埋深 H_0 较大,$H_0 \geqslant 20a$;原岩应力 $p_0 = \bar{\gamma} H_0$,$\bar{\gamma}$ 为上覆岩层平均容重;假设巷道围岩为均匀、连续的各向同性材料,不考虑流变特性的影响,忽略巷道围岩自重。对于任一位置的巷道断面,取单位巷道长度,在原岩应力 p_0 和支护阻力 p_i 共同作用下,发生轴对称平面应变变形。径向应力分量、环向应力分量、轴向应力分量分别为 σ_r、σ_θ、σ_z(压为正);径向应变分量、环向应变分量分别为 ε_r、ε_θ(压为正),轴向

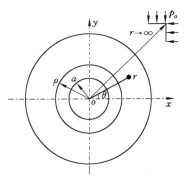

图 3.1　圆形断面巷道的计算模型

应变分量 $\varepsilon_z = 0$；径向位移为 u（向巷道中心收缩为正）。在原岩应力 p_0 较大（巷道埋深较大）的条件下，巷道围岩发生弹塑性变形，设塑性区半径为 ρ。

3.1.1 应力与应变分布规律

轴对称平面应变问题的平衡方程为

$$\frac{\mathrm{d}\sigma_r}{\mathrm{d}r} + \frac{\sigma_r - \sigma_\theta}{r} = 0 \tag{3.1}$$

几何方程为

$$\varepsilon_\theta = \frac{u}{r}, \varepsilon_r = \frac{\mathrm{d}u}{\mathrm{d}r}, \varepsilon_z = 0 \tag{3.2}$$

3.1.1.1 弹性区 $(r \geqslant \rho)$

弹性区的应力应变关系为

$$\varepsilon_r = \frac{1-\mu}{2G}\Big[\sigma_r - p_o - \frac{\mu}{1-\mu}(\sigma_\theta - p_o)\Big] \tag{3.3a}$$

$$\varepsilon_\theta = \frac{1-\mu}{2G}\Big[\sigma_\theta - p_o - \frac{\mu}{1-\mu}(\sigma_r - p_o)\Big] \tag{3.3b}$$

式中，μ 为泊松比；剪切弹性模量 $G = \dfrac{E}{2(1+\mu)}$，E 为弹性模量。

由基本方程和边界条件 $\sigma_r(\infty) = p_o$，得弹性区应力、应变分布规律为

$$\sigma_r = p_o - (p_o - p_\rho)\frac{\rho^2}{r^2}, \sigma_\theta = p_o + (p_o - p_\rho)\frac{\rho^2}{r^2}, \varepsilon_\theta = -\varepsilon_r = \frac{\mu}{r} = \frac{p_o - p_\rho}{2G}\frac{\rho^2}{r^2} \tag{3.4}$$

式中，p_ρ 为弹性区与塑性交界 $(r = \rho)$ 处的径向应力。

弹性区与塑性区交界 $(r = \rho)$ 处满足屈服条件。对于轴对称平面应变问题，双剪统一强度理论的屈服条件表示为

$$\sigma_\theta = m_t \sigma_r + \sigma_{ct} \tag{3.5}$$

式中，$m_t = \dfrac{1 + \sin\varphi_t}{1 - \sin\varphi_t}$，$\sigma_{ct} = \dfrac{2C_t \cos\varphi_t}{1 - \sin\varphi_t}\Big[\sin\varphi_t = \dfrac{b(1-\kappa) + (2+b+b\kappa)\sin\varphi}{2+b(1+\sin\varphi)}$，$C_t = \dfrac{2(1+b)C\cos\varphi}{2+b(1+\sin\varphi)}\dfrac{1}{\cos\varphi_t}$，$C_t$、$\varphi_t$ 称为统一黏聚力和统一内摩擦角，C、φ 分别为黏聚力和内摩擦角，b 为统一强度理论参数，κ 为中间主应力系数，且 $\sigma_z = \dfrac{\kappa}{2}(\sigma_r + \sigma_\theta)\Big]$。

又

$$p_\rho = \frac{2p_o - \sigma_{ct}}{m_t + 1}, B = \frac{p_o - p_\rho}{2G} = \frac{(m_t - 1)p_o + \sigma_{ct}}{2G(m_t + 1)} \tag{3.6}$$

3.1.1.2 塑性区($a \leqslant r \leqslant \rho$)

塑性区总应变 ε_{ij} 由弹性应变 ε_{ij}^e 和塑性应变 ε_{ij}^p 构成,即 $\varepsilon_\theta = \varepsilon_\theta^e + \varepsilon_\theta^p$,$\varepsilon_r = \varepsilon_r^e + \varepsilon_r^p$。假设弹性应变为等于两区交界处应变的常数,塑性应变 $\varepsilon_\theta^p = \mathrm{d}\lambda \dfrac{\partial Q}{\partial \sigma_\theta}$,$\varepsilon_r^p = \mathrm{d}\lambda \cdot \dfrac{\partial Q}{\partial \sigma_r}$,$\mathrm{d}\lambda > 0$ 为塑性常数,$Q = Q(\sigma_{ij}, \varepsilon_{ij}^p, k) = 0$ 为塑性势函数,k 为与变形历史有关的量。

按非关联流动法则,取塑性势函数为 $Q = \sigma_\theta - h\sigma_r$,剪胀系数 $h = \dfrac{1 + \sin \psi}{1 - \sin \psi}$,$\psi$ 为剪胀角,$\varepsilon_\theta^p = \mathrm{d}\lambda$,$\varepsilon_r^p = -h\mathrm{d}\lambda$,得 $\varepsilon_r^p + h\varepsilon_\theta^p = 0$。由 $\varepsilon_\theta(\rho) = -\varepsilon_r(\rho) = \dfrac{u(\rho)}{\rho} = B$,结合几何方程,得

$$\frac{\mathrm{d}u}{\mathrm{d}r} + h\,\frac{u}{r} = (h-1)B \tag{3.7}$$

对上式积分,得

$$u = \frac{2Br}{h+1}\left(\frac{h-1}{2} + \frac{\rho^{h+1}}{r^{h+1}}\right),\quad \varepsilon_r = \frac{2hB}{h+1}\left(\frac{h-1}{2h} + \frac{\rho^{h+1}}{r^{h+1}}\right),\quad \varepsilon_\theta = \frac{2B}{h+1}\left(\frac{h-1}{2} + \frac{\rho^{h+1}}{r^{h+1}}\right) \tag{3.8}$$

假设塑性区发生各向同性损伤,损伤演化方程为 $D = D(r)$。

由应变等效假设得 $\dfrac{\sigma_\theta}{1-D} = m_t\,\dfrac{\sigma_r}{1-D} + \sigma_{ct}$,即 $\sigma_\theta = m_t\sigma_r + (1-D)\sigma_{ct}$,得

$$r\,\frac{\mathrm{d}\sigma_r}{\mathrm{d}r} = (m_t - 1)\sigma_r + (1-D)\sigma_{ct} \tag{3.9}$$

对上式积分,得

$$\sigma_r = r^{m_t - 1}\int r^{-m_t}(1-D)\sigma_{ct}\,\mathrm{d}r \tag{3.10a}$$

$$\sigma_\theta = m_t r^{m_t - 1}\int r^{-m_t}(1-D)\sigma_{ct}\,\mathrm{d}r + (1-D)\sigma_{ct} \tag{3.10b}$$

(1) 潘一山等[122,123] 采用 Mohr-Coulomb 屈服准则,$m_t = m = \dfrac{1 + \sin \varphi}{1 - \sin \varphi}$,$\sigma_{ct} = \sigma_c = \dfrac{2C\cos \varphi}{1 - \sin \varphi}$,假设塑性区体积不可压缩,$h = 1$,得线性损伤演化方程 $D = \dfrac{\lambda}{E}\left(\dfrac{\rho^2}{r^2} - 1\right)$,其中 λ 为降模量。

由边界条件 $\sigma_r(a) = p_i$,令 $b_1 = \dfrac{1}{m+1}\dfrac{\lambda}{E}$,得

$$\frac{\sigma_r}{\sigma_c} = \frac{1}{1-m}\left(1 + \frac{\lambda}{E}\right) + b_1\frac{\rho^2}{r^2} + \left[\frac{p_i}{\sigma_c} - \frac{1}{1-m}\left(1 + \frac{\lambda}{E}\right) - b_1\frac{\rho^2}{a^2}\right]\frac{r^{m-1}}{a^{m-1}}$$

$$\tag{3.11a}$$

$$\frac{\sigma_\theta}{\sigma_c} = \frac{1}{1-m}\left(1+\frac{\lambda}{E}\right) - b_1\frac{\varrho^2}{r^2} + \left[\frac{mp_i}{\sigma_c} - \frac{m}{1-m}\left(1+\frac{\lambda}{E}\right) - b_1\frac{\varrho^2}{a^2}\right]\frac{r^{m-1}}{a^{m-1}}$$

$$(3.11b)$$

由应力连续条件,得塑性区半径与载荷之间的关系为

$$\frac{2p_o - \sigma_c}{m+1} = \frac{\sigma_c}{1-m}\left(1+\frac{\lambda}{E}\right) + \frac{\sigma_c}{m+1}\frac{\lambda}{E} +$$

$$\left[p_i - \frac{\sigma_c}{1-m}\left(1+\frac{\lambda}{E}\right)\right]\frac{\varrho^{m-1}}{a^{m-1}} - \frac{\sigma_c}{m+1}\frac{\lambda}{E}\frac{\varrho^{m+1}}{a^{m+1}} \quad (3.11c)$$

(2) 袁文伯和陈进[124]采用 Mohr-Coulomb 屈服准则,$m_t = m$,$\sigma_{ct} = \sigma_c$。认为塑性软化是黏聚力变化的结果,假设塑性区体积不可压缩,$h=1$,且 $d\bar{\sigma}_c = -\lambda d\varepsilon_\theta^p$,得

$$\bar{\sigma}_c = \sigma_c - B\lambda\left(\frac{\varrho^2}{r^2}-1\right), \sigma_\theta = m\sigma_r + \sigma_c + \frac{B\lambda}{2G}\left(1-\frac{\varrho^2}{r^2}\right) \quad (3.11d)$$

线性损伤演化方程 $D = \frac{B\lambda}{2G\sigma_c}\left(\frac{\varrho^2}{r^2}-1\right)$,$\lambda$ 称为脆性系数,与降模量具有相同物理意义。

由边界条件 $\sigma_r(a) = p_i$,令 $b_2 = \frac{1}{m+1}\frac{B\lambda}{2G\sigma_c}$,得

$$\frac{\sigma_r}{\sigma_c} = \frac{1}{1-m}\left(1+\frac{B\lambda}{2G\sigma_c}\right) + b_2\frac{\varrho^2}{r^2} + \left[\frac{p_i}{\sigma_c} - \frac{1}{1-m}\left(1+\frac{B\lambda}{2G\sigma_c}\right) - b_2\frac{\varrho^2}{a^2}\right]\frac{r^{m-1}}{a^{m-1}}$$

$$(3.12a)$$

$$\frac{\sigma_\theta}{\sigma_c} = \frac{1}{1-m}\left(1+\frac{B\lambda}{2G\sigma_c}\right) - b_2\frac{\varrho^2}{r^2} + \left[\frac{mp_i}{\sigma_c} - \frac{1}{1-m}\left(1+\frac{B\lambda}{2G\sigma_c}\right) - b_2\frac{\varrho^2}{a^2}\right]\frac{r^{m-1}}{a^{m-1}}$$

$$(3.12b)$$

由应力连续条件,得塑性区半径与载荷之间的关系

$$\frac{2p_o - \sigma_c}{m+1} = \frac{\sigma_c}{1-m}\left(1+\frac{B\lambda}{2G\sigma_c}\right) + b_2\sigma_c + \left[p_i - \frac{\sigma_c}{1-m}\left(1+\frac{B\lambda}{2G\sigma_c}\right)\right]\frac{\varrho^{m-1}}{a^{m-1}} - b_2\sigma_c\frac{\varrho^{m+1}}{a^{m+1}}$$

$$(3.12c)$$

(3) 郭延华等[125]采用统一强度理论,考虑塑性区剪胀特性,得损伤演化方程 $D = \frac{\lambda\varepsilon_c}{\sigma_{ci}}\left(\frac{\varrho^{h+1}}{r^{h+1}}-1\right)$,其中 λ 为降模量,σ_{ci} 为等效抗压强度。

由边界条件 $\sigma_r(a) = p_i$,令 $b_3 = \frac{1}{m_t+h}\frac{\lambda\varepsilon_c}{\sigma_{ci}}$,得

$$\frac{\sigma_r}{\sigma_{ct}} = \frac{1}{1-m_t}\left(1+\frac{\lambda\varepsilon_c}{\sigma_{ci}}\right) + b_3\frac{\varrho^{h+1}}{r^{h+1}} + \left[\frac{p_i}{\sigma_{ct}} - \frac{1}{1-m_t}\left(1+\frac{\lambda\varepsilon_c}{\sigma_{ci}}\right) - \frac{b_a\varrho^{h+1}}{a^{h+1}}\right]\frac{r^{m_t-1}}{a^{m_t-1}}$$

$$(3.13a)$$

$$\frac{\sigma_\theta}{\sigma_{ct}} = \frac{1}{1-m_t}\left(1+\frac{\lambda\varepsilon_c}{\sigma_{ci}}\right) - b_3\frac{\rho^{h+1}}{r^{h+1}} + \left[\frac{m_t p_i}{\sigma_{ct}} - \frac{m_t}{1-m_t}\left(1+\frac{\lambda\varepsilon_c}{\sigma_{ci}}\right) - \frac{b_a\rho^{h+1}}{a^{h+1}}\right]\frac{r^{m_t-1}}{a^{m_t-1}}$$

$$(3.13b)$$

由应力连续条件,得塑性区半径与载荷之间的关系为

$$\frac{2p_o-\sigma_{ct}}{m_t+1} = \frac{\sigma_{ct}}{1-m_t}\left(1+\frac{\lambda\varepsilon_c}{\sigma_{ci}}\right) + b_3\sigma_{ct} + \left[p_i - \frac{\sigma_{ct}}{1-m_t}\left(1+\frac{\lambda\varepsilon_c}{\sigma_{ci}}\right)\right]\frac{\rho^{m_t-1}}{a^{m_t-1}} - \frac{\sigma_{ct}b_a\rho^{m_t+h}}{a^{m_t+h}}$$

$$(3.13c)$$

3.1.2 巷道冲击地压发生的临界条件与影响因素

对于圆形巷道-围岩-支护系统,塑性区半径 ρ 为状态变量,载荷 p_o、p_i 与巷道围岩刚度为控制变量。当载荷变化时,塑性区半径发生变化。当载荷 p_o 增大,或 p_i 减小时,塑性区半径增大,与塑性区相邻的弹性区煤岩体逐渐由弹性变形状态变化为塑性变形状态,弹性刚度转化为塑性刚度。

外部的扰动由采掘活动引发产生,使控制变量产生增量,进而状态变量随之产生增量。由冲击地压扰动响应判据,得巷道围岩系统失稳发生冲击地压的条件为

$$\frac{\mathrm{d}p_i}{\mathrm{d}\rho} = 0 \quad 或 \quad \frac{\mathrm{d}p_o}{\mathrm{d}\rho} = 0 \qquad (3.14)$$

满足上式的塑性区半径称为临界塑性区半径 ρ_{cri},相应的载荷 p_{icr}(或 p_{ocr})称为临界载荷。

(1) 由式(3.11c),得

$$p_o = \frac{\sigma_c}{2} + \frac{(1+m)\sigma_c}{2(1-m)}\left(1+\frac{\lambda}{E}\right) + \frac{\sigma_c}{2}\frac{\lambda}{E} +$$

$$\frac{m+1}{2}\left[p_i - \frac{\sigma_c}{1-m}\left(1+\frac{\lambda}{E}\right)\right]\frac{\rho^{m-1}}{a^{m-1}} - \frac{\sigma_c}{2}\frac{\lambda}{E}\frac{\rho^{m+1}}{a^{m+1}} \qquad (3.15a)$$

$$p_i = \left[\frac{2p_o-\sigma_c}{1+m} - \frac{\sigma_c}{1-m}\left(1+\frac{\lambda}{E}\right) - \frac{\sigma_c}{m+1}\frac{\lambda}{E}\right]\frac{\rho^{1-m}}{a^{1-m}} +$$

$$\frac{\sigma_c}{1+m}\frac{\lambda}{E}\frac{\rho^2}{a^2} + \frac{\sigma_c}{1-m}\left(1+\frac{\lambda}{E}\right) \qquad (3.15b)$$

由 $\frac{\mathrm{d}p_o}{\mathrm{d}\rho} = 0$,得

$$\frac{\rho_{cro}}{a} = \sqrt{1 + \frac{E}{\lambda} + (m-1)\frac{E}{\lambda}\frac{p_i}{\sigma_c}} \qquad (3.15c)$$

$$p_{ocr} = \frac{\sigma_c}{m-1}\frac{\lambda}{E}\left\{\left[1 + \frac{E}{\lambda} + (m-1)\frac{E}{\lambda}\frac{p_i}{\sigma_c}\right]^{\frac{m+1}{2}} - \left(1 + \frac{E}{\lambda}\right)\right\} \qquad (3.15d)$$

由 $\dfrac{\mathrm{d}p_i}{\mathrm{d}\rho} = 0$，得

$$\frac{\rho_{cri}}{a} = \left[1 + \frac{E}{\lambda} + (m-1)\frac{E}{\lambda}\frac{p_o}{\sigma_c}\right]^{\frac{1}{m+1}} \tag{3.15e}$$

$$p_{icr} = \frac{\sigma_c}{m-1}\frac{\lambda}{E}\left\{\left[1 + \frac{E}{\lambda} + (m-1)\frac{E}{\lambda}\frac{p_o}{\sigma_c}\right]^{\frac{2}{m+1}} - \left(1 + \frac{E}{\lambda}\right)\right\} \tag{3.15f}$$

临界塑性区半径 ρ_{cr} 与巷道几何参数有关，与巷道半径 a 成正比，大断面巷道的临界塑性区半径也大；临界塑性区半径 ρ_{cr} 与巷道围岩力学参数有关，与模量比 $\dfrac{E}{\lambda}$ 正相关，模量比 $\dfrac{E}{\lambda}$ 较大时临界塑性区半径也大。

临界载荷 p_{ocr}（或 p_{icr}）与巷道围岩力学参数（模量比 $\dfrac{E}{\lambda}$、抗压强度 σ_c）有关。

当 $\lambda = 0$ 时，$\dfrac{E}{\lambda} \to +\infty$，$\rho_{cr} \to +\infty$，$p_{ocr} \to +\infty$，或 $p_{icr} \to -\dfrac{1}{m-1}$。巷道始终保持稳定平衡状态，不会失稳，冲击地压也不会发生。

当 $0 < \lambda < \infty$ 时，$0 < \dfrac{E}{\lambda} < \infty$，$\rho_{cr}$、$p_{ocr}$（或 p_{icr}）为有限值，存在发生冲击地压的可能性。当载荷达到临界值时，塑性区半径也达到临界值，遇外部扰动系统失稳，发生冲击地压。

当 $\lambda \to +\infty$ 时，$\dfrac{E}{\lambda} \to 0$，$\rho_{cr} \to a$，$p_{ocr} \to \dfrac{1+m}{2}\dfrac{p_i}{\sigma_c} + \dfrac{1}{2}$，或 $p_{icr} \to \dfrac{2}{1+m}\left(\dfrac{p_o}{\sigma_c} - \dfrac{1}{2}\right)$。塑性区刚刚出现时，立即达到了临界状态，遇外部扰动系统失稳，发生冲击地压。

如果取 $\varphi = \dfrac{\pi}{6}$，$m = 3$，则

$$\frac{\rho_{cri}}{a} = \left(1 + \frac{E}{\lambda} + \frac{E}{\lambda}\frac{2p_o}{\sigma_c}\right)^{\frac{1}{4}}, p_{icr} = \frac{1}{2}\frac{\lambda}{E}\left[\left(1 + \frac{E}{\lambda} + \frac{E}{\lambda}\frac{2p_o}{\sigma_c}\right)^{\frac{1}{2}} - \left(1 + \frac{E}{\lambda}\right)\right], \tag{3.15g}$$

$$\frac{\rho_{cro}}{a} = \sqrt{1 + \frac{E}{\lambda} + \frac{E}{\lambda}\frac{2p_i}{\sigma_c}}, p_{ocr} = \frac{1}{2}\frac{\lambda}{E}\left[\left(1 + \frac{E}{\lambda} + \frac{E}{\lambda}\frac{2p_i}{\sigma_c}\right)^2 - 1 - \frac{E}{\lambda}\right] \tag{3.15h}$$

在无支护阻力的情况下，$\dfrac{\rho_{cro}}{a} = \sqrt{1 + \dfrac{E}{\lambda}}$，$\dfrac{p_{ocr}}{\sigma_c} = \dfrac{1}{2}\left(1 + \dfrac{E}{\lambda}\right)$。

如图 3.2 所示为圆形断面巷道冲击地压影响因素分析（一）。

(2) 由式(3.12c)，得

$$p_o = \frac{\dfrac{m+1}{2}\left(p_i + \dfrac{\sigma_c}{1-m}\right)}{\left(1 + \dfrac{1}{1+m}\dfrac{3\lambda}{2E}\right)\dfrac{\rho^{1-m}}{a^{1-m}} - \dfrac{3\lambda}{4E}\left(1 - \dfrac{m-1}{m+1}\dfrac{\rho^2}{a^2}\right)} - \frac{\sigma_c}{1-m} \tag{3.16a}$$

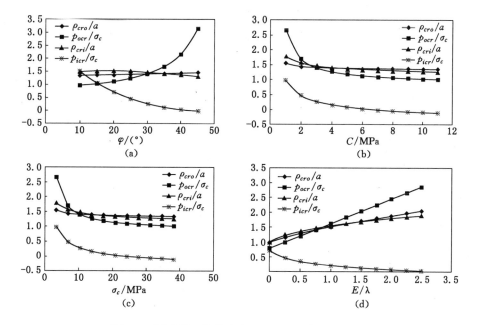

图 3.2　圆形断面巷道冲击地压影响因素分析（一）

（a）内摩擦角的影响；（b）黏聚力的影响；（c）峰值强度的影响；（d）模量比的影响

$$\frac{p_i}{\sigma_c} = \frac{2}{m+1}\left(p_0 + \frac{\sigma_c}{m-1}\right)\left[\left(1 + \frac{1}{1+m}\frac{3\lambda}{2E}\right)\frac{\rho^{1-m}}{a^{1-m}} - \frac{3\lambda}{2E}\left(1 - \frac{m-1}{m+1}\frac{\rho^2}{a^2}\right)\right] - \frac{\sigma_c}{m-1}$$

(3.16b)

由 $\dfrac{\mathrm{d}p_0}{\mathrm{d}\rho} = 0$，得

$$\frac{\rho_{cro}}{a} = \left[1 + (1+m)\frac{2E}{3\lambda}\right]^{\frac{1}{m+1}}$$

(3.16c)

$$p_{cro} = \frac{(1+m)\dfrac{2E}{3\lambda}\left(p_i + \dfrac{\sigma_c}{m-1}\right)}{\left[1 + (1+m)\dfrac{2E}{3\lambda}\right]^{\frac{2}{m+1}} - 1} - \frac{\sigma_c}{m-1}$$

(3.16d)

由 $\dfrac{\mathrm{d}p_i}{\mathrm{d}\rho} = 0$，得

$$\frac{\rho_{cri}}{a} = \frac{\rho_{cro}}{a} = \left[1 + (1+m)\frac{2E}{3\lambda}\right]^{\frac{1}{m+1}}$$

(3.16e)

$$p_{icr} = \frac{\sigma_c}{m+1}\frac{3\lambda}{2E}\left(\frac{p_0}{\sigma_c} + \frac{1}{m-1}\right)\left(\left[1 + (1+m)\frac{2E}{3\lambda}\right]^{\frac{2}{m+1}} - 1\right) - \frac{\sigma_c}{m-1}$$

(3.16f)

如图 3.3 所示为圆形断面巷道冲击地压影响因素分析(二)。

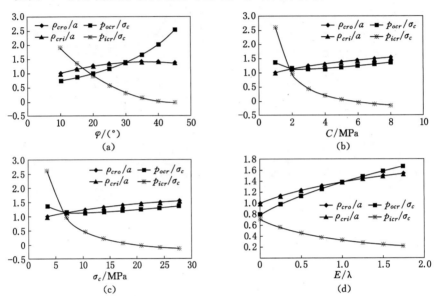

图 3.3　圆形断面巷道冲击地压影响因素分析(二)
(a) 内摩擦角的影响;(b) 黏聚力的影响;(c) 峰值强度的影响;(d) 模量比的影响

由以上各式可见,无论是对载荷 p_0 的扰动,还是对支护载荷 p_i 的扰动,临界塑性区半径 ρ_{cr} 都相同。临界塑性区半径 ρ_{cr} 与巷道几何参数有关,与巷道半径 a 成正比,大断面巷道的临界塑性区半径也大;临界塑性区半径 ρ_{cr} 与巷道围岩力学参数有关,与模量比 $\dfrac{E}{\lambda}$ 正相关,模量比 $\dfrac{E}{\lambda}$ 较大时临界塑性区半径也大。

临界载荷 p_{ocr}(或 p_{icr})与巷道围岩力学参数(模量比 $\dfrac{E}{\lambda}$、抗压强度 σ_c)有关。

当 $\lambda = 0$ 时,$\dfrac{E}{\lambda} \to +\infty$,$\rho_{cr} \to +\infty$,$p_{ocr} \to +\infty$,或 $p_{icr} \to -\dfrac{1}{m-1}$。巷道始终保持稳定平衡状态,不会失稳,冲击地压也不会发生。

当 $0 < \lambda < \infty$ 时,$0 < \dfrac{E}{\lambda} < \infty$,$\rho_{cr}$、$p_{ocr}$(或 p_{icr})为有限值,存在发生冲击地压的可能性。当载荷达到临界值时,塑性区半径也达到临界值,遇外部扰动系统失稳,发生冲击地压。

当 $\lambda \to +\infty$ 时,$\dfrac{E}{\lambda} \to 0$,$\rho_{cr} \to a$,$p_{ocr} \to \dfrac{1+m}{2}\dfrac{p_i}{\sigma_c} + \dfrac{1}{2}$,或 $p_{icr} \to \dfrac{2}{1+m} \cdot$

$\left(\dfrac{p_0}{\sigma_c} + \dfrac{1}{m-1}\right)$。塑性区刚刚出现时,立即达到了临界状态,遇外部扰动系统失

稳,发生冲击地压。

如果取 $\varphi=\dfrac{\pi}{6}$,$m=3$,则

$$\frac{\rho_{\alpha r}}{a}=\left(1+\frac{8E}{3\lambda}\right)^{\frac{1}{4}}\qquad(3.16\mathrm{g})$$

$$\frac{p_{\alpha r}}{\sigma_c}=\left(\sqrt{1+\frac{8E}{3\lambda}}+1\right)\left(\frac{p_i}{\sigma_c}+\frac{1}{2}\right)-\frac{1}{2},\frac{p_{icr}}{\sigma_c}=\frac{3\lambda}{8E}\left(\sqrt{1+\frac{8E}{3\lambda}}-1\right)\left(\frac{p_0}{\sigma_c}+\frac{1}{2}\right)-\frac{1}{2}$$

$$(3.16\mathrm{h})$$

在无支护阻力的情况下,$\dfrac{p_{\alpha r}}{\sigma_c}=\dfrac{1}{2}\sqrt{1+\dfrac{8E}{3\lambda}}$。

(3) 由式(3.13c),令 $b_4=\dfrac{\sigma_{ct}}{m_t+h}\dfrac{\lambda\varepsilon_c}{\sigma_{ci}}$,得

$$p_0=\frac{m_t+1}{2}\left\{\left[p_i+\frac{\sigma_{ct}}{m_t-1}\left(1+\frac{\lambda\varepsilon_c}{\sigma_{ci}}\right)\right]\frac{\rho^{m_t-1}}{a^{m_t-1}}-b_4\frac{\rho^{m_t+h}}{a^{m_t+h}}\right\}-\frac{\sigma_{ct}}{m_t-1}-\frac{m_t+1}{m_t-1}\frac{1+h}{2}$$

$$(3.17\mathrm{a})$$

$$p_i=\frac{2}{m_t+1}\left[p_0+\frac{\sigma_{ct}}{m_t-1}+\frac{m_t+1}{m_t-1}\frac{1+h}{h+m_t}\frac{\lambda\varepsilon_c\sigma_{ct}}{2\sigma_{ci}}\right]\frac{\rho^{1-m_t}}{a^{1-m_t}}+b_4\frac{\rho^{h+1}}{a^{h+1}}-\frac{\sigma_{ct}}{m_t-1}\left(1+\frac{\lambda\varepsilon_c}{\sigma_{ci}}\right)$$

$$(3.17\mathrm{b})$$

由 $\dfrac{\mathrm{d}p_0}{\mathrm{d}\rho}=0$,得

$$\frac{\rho_{cr}}{a}=\left[1+\frac{\sigma_{ci}}{\lambda\varepsilon_c}+(m_t-1)\frac{\sigma_{ci}}{\lambda\varepsilon_c}\frac{p_i}{\sigma_{ct}}\right]^{\frac{1}{h+1}}\qquad(3.17\mathrm{c})$$

$$p_{\alpha r}=\frac{m_t+1}{m_t-1}\frac{1+h}{h+m_t}\frac{\lambda\varepsilon_c\sigma_{ct}}{2\sigma_{ci}}\left\{\left[1+\frac{\sigma_{ci}}{\lambda\varepsilon_c}+(m_t-1)\frac{\sigma_{ci}}{\lambda\varepsilon_c}\frac{p_i}{\sigma_{ct}}\right]^{\frac{m_t+h}{h+1}}-1\right\}-\frac{\sigma_{ct}}{m_t-1}$$

$$(3.17\mathrm{d})$$

由 $\dfrac{\mathrm{d}p_i}{\mathrm{d}\rho}=0$,得

$$\frac{\rho_{cri}}{a}=\left[1+\frac{\sigma_{ci}}{\lambda\varepsilon_c}\frac{m_t+h}{h+1}\frac{2(m_t-1)}{m_t+1}\left(\frac{p_0}{\sigma_{ct}}+\frac{1}{m_t-1}\right)\right]^{\frac{1}{m_t+h}}\qquad(3.17\mathrm{e})$$

$$p_{icr}=\frac{\sigma_{ct}}{m_t-1}\frac{\lambda\varepsilon_c}{\sigma_{ci}}\left\{\left[1+\frac{\sigma_{ci}}{\lambda\varepsilon_c}\frac{m_t+h}{h+1}\frac{2(m_t-1)}{m_t+1}\left(\frac{p_0}{\sigma_{ct}}+\frac{1}{m_t-1}\right)\right]^{\frac{1+h}{m_t+h}}-\left(1+\frac{\sigma_{ci}}{\lambda\varepsilon_c}\right)\right\}$$

$$(3.17\mathrm{f})$$

取 $\varphi_t=\varphi$,$c_t=c$,则 $m_t=m=\dfrac{1+\sin\varphi}{1-\sin\varphi}$,$\sigma_{ct}=\sigma_c=\dfrac{2C\cos\varphi}{1-\sin\varphi}$,$h=1$,退化为潘一山的研究结果。

3.2　煤层-采空区-顶底板系统

煤矿顶板事故的发生次数、危害程度及造成的损失始终居于煤矿各类事故之首,顶板控制问题始终是煤矿开采领域的研究重点。

顶板断裂型冲击地压是冲击地压基本类型之一,简称顶板冲击。顶板冲击研究的理论基础建立在矿山压力理论之上。矿山压力理论的核心是采场顶板控制。为指导采场顶板控制设计,压力拱理论、梁理论、板理论、铰接岩块学说、传递岩梁模型、砌体梁模型、关键层理论等顶板结构力学模型和矿压理论相继提出。

王淑坤和张万斌[126]指出,强烈的冲击地压主要是由于顶板参与所致,并通过煤岩复合模型压缩试验研究了顶板岩石对煤层冲击的影响,讨论了顶板对冲击地压的作用,采用悬臂梁理论得到了顶板弯曲能计算公式,提出了顶板岩石冲击倾向指标(弯曲能量指数)。

朱建明等[127-128]研究了新汶华丰矿 4# 煤层和大屯姚桥矿 7# 煤层条件,得出了坚硬顶板破裂失稳产生冲击力而诱发产生冲击地压。

窦林名等[129]指出顶板岩层结构是影响冲击地压的主要因素,顶板坚硬岩层破断对冲击地压的发生有巨大影响,其影响程度可采用顶板参数描述。

刘传孝[130]采用数值模拟研究了冲击阶段顶板运动的阻尼效应,并进行混沌动力学分析。实施防冲击措施可提高系统的阻尼,促使坚硬顶板从整体大范围冲击性运动向周期性分段运动转化。

潘俊锋等[131]采用三维离散元程序模拟工作面回采过程中上覆岩层冲击性运动形式和分段性垮落形态,研究围岩运动岩层块体应力演化状态。

牟宗龙[132]采用物理模拟和数值模拟、理论分析和工程实践验证方法研究顶板岩层对煤体冲击的影响作用机理,提出了煤岩冲击破坏和顶板岩层诱发冲击的冲能原理以及冲击破坏判别准则。

陆菜平等[133]测试了忻州窑煤矿组合煤岩试样变形破裂过程中的微震信号和冲击破坏前后微震频谱的变化规律,采用 SOS 微震监测系统对该矿 8929 工作面冲击地压微震活动规律进行了监测,得到了当工作面顶板来压以及诱发冲击矿压时微震信号的主频达到最低值。

宋录生等[134]建立了顶板-煤层结构体模型,研究不同顶板特性对顶板-煤层结构体冲击倾向性的影响。

王家臣和王兆会[135]分析了高强度采场顶板动载冲击效应发生条件、机制及影响因素。基于基本顶动力破裂失稳折叠突变模型,得到基本顶岩层峰后软化模量大于弹性模量是导致突发动力性破裂失稳的内在原因。

杨敬轩等[136-137]研究了坚硬厚顶板条件下岩层破断及工作面矿压显现特征,进而提出了坚硬厚层顶板群结构破断的采场冲击效应。

Wang 等[138]将顶板视为弹性体,支架视为刚体,得到了基本顶砌体梁结构失稳时产生的最大动载冲击系数。

以上成果为顶板断裂型冲击地压研究奠定了基础,以实验室研究、数值模拟和物理模拟为主,理论分析建立在采场结构力学模型基础之上,顶板变形破坏以弯曲变形为主,解析分析过程十分复杂,甚至难以得到解析解,给指导工程实践带来了较大麻烦。

本节通过建立煤层-采空区-顶底板系统,研究顶板断裂型冲击地压发生的临界条件,分析其主要影响因素。煤层-采空区-顶底板系统的稳定性主要取决于顶板子系统,当顶板断裂时发生顶板断裂型冲击地压。同时该系统中又包括煤层子系统,煤层子系统也可能在顶板断裂失稳而发生煤体压缩型冲击地压,进而诱发顶板断裂型冲击压。

本书假设顶板仅发生剪切变形,忽略非弹性变形和破裂,称为剪切梁[139]。这种假设不仅仅是为了简化理论推导,而是具有实际的物理意义的。实际上,剪切变形是顶板变形破裂的主要形式。

如图 3.4 所示,假设一水平煤层,埋深为 H_0,原岩应力 $p_0 = \bar{\gamma} H_0$,$\bar{\gamma}$ 为上覆岩层平均容重。假设煤层及其顶底板岩层均为均匀、连续的各向同性材料,不考虑流变特性的影响。进一步假设煤层置于刚性底板之上,忽略底板变形。采煤工作面自开切眼开始向前推进,形成采空区。在工作面中部沿倾向取单位厚度,按平面应变问题进行计算分析,建立平面直角坐标系 $o\text{-}xz$。坐标原点取在工作面煤壁位置,$x=0$。$x \geqslant 0$ 为工作面前方实体煤范围;$-a \leqslant x \leqslant 0$ 为采空区范围。

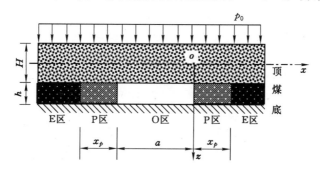

图 3.4 煤层-采空区-顶底板系统分析模型

厚度为 H 的顶板岩层简化为抗剪刚度为 $K = GH$ 的弹性剪切梁,其中 G 为

顶板剪切模量。煤层对顶板的支承压力为 $p(x)$，则顶板下沉量 w（挠度）、顶板剪力 Q 满足以下微分方程

$$K\frac{\mathrm{d}^2 w}{\mathrm{d}x^2} = p(x) - p_0, Q = K\frac{\mathrm{d}w}{\mathrm{d}x} \tag{3.18}$$

假设煤层内应力均匀分布，应力分量为 σ_x、σ_z，且 $\sigma_z(x) = p(x)$。煤层与顶底板间摩擦力为 $\tau_w(x)$，则煤层单元体平衡方程为

$$\frac{\mathrm{d}\sigma_x}{\mathrm{d}x} - \frac{2\tau_w}{h} = 0 \tag{3.19}$$

当煤层与顶底板间有相对滑动时，$\tau_w = f\sigma_z$；当煤层与顶底板间无相对滑动时，$\tau_w < f\sigma_z$，其中 f 为煤层与顶底板之间的滑动摩擦系数。图 3.5 所示为顶板单元体，图 3.6 所示为煤层单元体。

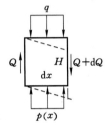

图 3.5　顶板单元体

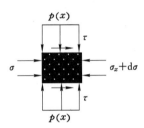

图 3.6　煤层单元体

煤层的垂直位移等于顶板挠度 w，设水平位移为 u，应变分量为 ε_x、ε_z，则煤层的几何方程为

$$\varepsilon_x = \frac{\mathrm{d}u}{\mathrm{d}x}, \varepsilon_z = \frac{w}{h} \tag{3.20}$$

当煤层埋深较大时，采空区附近区域的煤层处于塑性变形状态（简称为 P 区），距离采空区较远处的煤层处于弹性变形状态（简称为 E 区）。设 P 区宽度为 x_p。

E 区（$x \geqslant x_p$）：煤层与顶底板间无相对滑动，$\tau_w < f\sigma_z$，则

$$\sigma_x = \mu'\sigma_z, \frac{w}{h} = \frac{\sigma_z}{E_1}, u \equiv 0 \tag{3.21}$$

式中，$\mu' = \dfrac{\mu}{1-\mu}$，$E' = \dfrac{E}{1-\mu^2}$，$E_1 = \dfrac{E'}{1-\mu'^2}$，其中 E 为煤层弹性模量，μ 为煤层泊松比。

P 区（$0 \leqslant x \leqslant x_p$）：煤层与顶底板间有相对滑动，$\tau_w = f\sigma_z$。采用 Mohr-Coulomb 屈服准则，并忽略剪切变形的影响，则屈服函数 $f(\sigma)$ 为

$$f(\sigma) = \sigma_z - m\sigma_x - \sigma_c = 0 \tag{3.22}$$

式中，$m = \dfrac{1+\sin\varphi}{1-\sin\varphi}$；$\sigma_c = \dfrac{2C\cos\varphi}{1-\sin\varphi} = 2C\sqrt{m}$，为单轴抗压强度，对应应变为 ε_c，其中 C 为黏聚力，φ 为内摩擦角。

假设塑性区体积不可压缩，得等效应变 $\bar{\varepsilon} = \dfrac{2w}{\sqrt{3}\,h}$。假设塑性区损伤线性演化，得损伤演化方程 $D = \dfrac{\lambda}{\sigma_c}(\bar{\varepsilon} - \varepsilon_c) = \dfrac{\lambda}{E}\left(\dfrac{2w}{\sqrt{3}\,h\varepsilon_c} - 1\right)$。由应变等效假设，得

$$\sigma_z = m\sigma_x + d_1 - d_2 w \qquad (3.23)$$

式中，$d_1 = \left(1 + \dfrac{\lambda}{E}\right)\sigma_c$；$d_2 = \dfrac{2\lambda}{\sqrt{3}\,h}$，其中 λ 为降模量。

3.2.1 应力与变形分布规律

3.2.1.1 采空区：$-a \leqslant x \leqslant 0$

由 $p(x) \equiv 0$，得 $K\dfrac{\mathrm{d}^2 w}{\mathrm{d}x^2} = -p_0$。积分之，得

$$K\dfrac{\mathrm{d}w}{\mathrm{d}x} = C_1^{\circ} - p_0 x,\ Kw = C_2^{\circ} + C_1^{\circ}x - \dfrac{p_0}{2}x^2 \qquad (3.24)$$

式中，C_1°，C_2° 为积分常数。

由 $x = -\dfrac{a}{2}$ 处，$\dfrac{\mathrm{d}w}{\mathrm{d}x} = 0$，得 $C_1^{\circ} = -\dfrac{a}{2}p_0$。在 $x = 0$ 处的顶板剪力 Q_0、斜率 w'_0、挠度 w_0 有如下关系：$Q_0 = Kw'_0 = C_1^{\circ} = -\dfrac{a}{2}p_0$；$Kw_0 = C_2^{\circ}$。顶板最大下沉量 $w_m = w\left(-\dfrac{a}{2}\right) = w_0 + \dfrac{p_0 a^2}{8K}$。

3.2.1.2 P 区：$0 \leqslant x \leqslant x_p$

由 $p(x) = \sigma_z = m\sigma_x + d_1 - d_2 w$，得 $\dfrac{\mathrm{d}^2\sigma_z}{\mathrm{d}x^2} - \dfrac{2mf}{h}\dfrac{\mathrm{d}\sigma_z}{\mathrm{d}x} + \dfrac{d_2(\sigma_z - p_0)}{K} = 0$，积分之，得

$$\sigma_z = C_1^p \exp(\alpha_1 x) + C_2^p \exp(\alpha_2 x) + p_0 \qquad (3.25\text{a})$$

$$\sigma_x = \dfrac{2f}{h}\left[\dfrac{C_1^p}{\alpha_1}\exp(\alpha_1 x) + \dfrac{C_2^p}{\alpha_2}\exp(\alpha_2 x) + p_0 x + C_3^p\right] \qquad (3.25\text{b})$$

$$Kw = \dfrac{C_1^p}{\alpha_1^2}\exp(\alpha_1 x) + \dfrac{C_2^p}{\alpha_2^2}\exp(\alpha_2 x) + d_3(p_0 x + C_3^p) + d_0 p_0 \qquad (3.25\text{c})$$

$$Q = K\dfrac{\mathrm{d}w}{\mathrm{d}x} = \dfrac{C_1^p}{\alpha_1}\exp(\alpha_1 x) + \dfrac{C_2^p}{\alpha_2}\exp(\alpha_2 x) + d_3 p_0 \qquad (3.25\text{d})$$

式中，C_1^p、C_2^p、C_3^p 为积分常数；$\left.\begin{matrix}\alpha_1\\\alpha_2\end{matrix}\right\} = \dfrac{mf}{h}\left(1\pm\sqrt{1-\dfrac{d_2h^2}{Km^2f^2}}\right)$；$d_3 = \dfrac{1}{\alpha_1} + \dfrac{1}{\alpha_2}$；

$d_0 = \dfrac{\dfrac{d_1}{p_0}-1}{\alpha_1\alpha_2}$。

在 $x=0$ 处，$w=w_0$、$\dfrac{\mathrm{d}w}{\mathrm{d}x}=w'_0$，$\sigma_x=0$，得

$$Kw_0 = C_2^0 = \frac{C_1^p}{\alpha_1^2} + \frac{C_2^p}{\alpha_2^2} + d_3C_3^p + d_0p_0,\ C_3^p = \left(d_3 + \frac{a}{2}\right)p_0,\ \frac{C_1^p}{\alpha_1} + \frac{C_2^p}{\alpha_2} = -C_3^p$$

(3.26)

在 $x=x_p$ 处，顶板剪力 Q_p、挠度 w_p、斜率 w'_p、煤层水平应力 σ_{xp} 有如下表达

$$Kw_p = \frac{C_1^p}{\alpha_1^2}\exp(\alpha_1 x_p) + \frac{C_2^p}{\alpha_2^2}\exp(\alpha_2 x_p) + d_3(C_3^p + p_0 x_p) + d_0 p_0 \quad (3.27a)$$

$$Q_p = Kw'_p = \frac{C_1^p}{\alpha_1}\exp(\alpha_1 x_p) + \frac{C_2^p}{\alpha_2}\exp(\alpha_2 x_p) + d_3 p_0 \quad (3.27b)$$

$$\sigma_{xp} = \frac{2f}{h}\left[\frac{C_1^p}{\alpha_1}\exp(\alpha_1 x_p) + \frac{C_2^p}{\alpha_2}\exp(\alpha_2 x_p) + p_0 x_p + C_3^p\right] \quad (3.27c)$$

3.2.1.3　E 区：$x \geq x_p$

由 $p(x)=\sigma_z$，得 $\dfrac{\mathrm{d}^2\sigma_z}{\mathrm{d}x^2} - \dfrac{E_1(\sigma_z-p_0)}{Kh}=0$，在 $x\to\infty$ 处，$\dfrac{\mathrm{d}w}{\mathrm{d}x}=0$，得

$$\sigma_z = C_1^e\exp(-\alpha x) + p_0 \quad (3.28a)$$

$$\sigma_x = \mu'[C_1^e\exp(-\alpha x) + p_0] \quad (3.28b)$$

$$Kw = \frac{1}{\alpha^2}[C_1^e\exp(-\alpha x) + p_0] \quad (3.28c)$$

$$Q = K\frac{\mathrm{d}w}{\mathrm{d}x} = -\frac{1}{\alpha}C_1^e\exp(-\alpha x) \quad (3.28d)$$

式中，C_1^e 为积分常数；$\alpha = \sqrt{\dfrac{E_1}{Kh}}$。

3.2.1.4　塑性区宽度

在 $x=x_p$ 处，$w=w_p$、$\dfrac{\mathrm{d}w}{\mathrm{d}x}=w'_p$，$\sigma_x=\sigma_{xp}$ 得 $\dfrac{C_2^p}{\alpha_2}=f_3C_3^p - f_2p_0$；$\dfrac{C_1^p}{\alpha_1}=-C_3^p -$

$\dfrac{C_2^p}{\alpha_2}$；$C_1^e = -\left[\dfrac{C_1^p}{\alpha_1}\exp(\alpha_1 x_p) + \dfrac{C_2^p}{\alpha_2}\exp(\alpha_2 x_p) + d_3 p_0\right]\alpha\exp(\alpha x_p)$。

采空区宽度与塑性区宽度的关系为

$$a = 2\left(\frac{f_6}{f_4} - d_3\right) \quad (3.29)$$

已知 $d_4 = \dfrac{2f}{\alpha h \mu}$，则 $f_1(x_p) = (d_4+1)[\exp(\alpha_2 x_p) - \exp(\alpha_1 x_p)]$；$f_2(x_p) =$

$\dfrac{1}{f_1}\left(d_3 - \dfrac{1}{\alpha} + d_4 x_p\right)$；$f_3(x_p) = \dfrac{1}{f_1}[(d_4+1)\exp(\alpha_1 x_p) - d_4]$；$f_4(x_p) = -\alpha d_3 +$

$f_5 f_3 + \left(1 + \dfrac{\alpha}{\alpha_1}\right)\exp(\alpha_1 x_p)$；$f_5(x_p) = \left(1 + \dfrac{\alpha}{\alpha_1}\right)\exp(\alpha_1 x_p) - \left(1 + \dfrac{\alpha}{\alpha_2}\right)\exp(\alpha_2 x_p)$；

$f_6(x_p) = \alpha d_3 x_p + \alpha d_0 + d_3 - \dfrac{1}{\alpha} + f_5 f_2$。顶板最大下沉量 $w_m =$

$\dfrac{p_0}{K}\left\{\left[d_3 - \dfrac{1}{\alpha_1} + \left(\dfrac{1}{\alpha_2} - \dfrac{1}{\alpha_1}\right)\dfrac{f_4}{f_1}\right]\left(\dfrac{a}{2} + d_3\right) + \left(\dfrac{1}{\alpha_2} - \dfrac{1}{\alpha_1}\right)\dfrac{f_3}{f_1} + d_0 + \dfrac{a^2}{8}\right\}$。

取 $H = 10$ m，$G = 8$ GPa，$f = 0.4$，$h = 3$ m，$E = 2$ GPa，$E/\lambda = 0.75$，$\mu = 0.35$，$C = 3$ MPa，$\varphi = 30°$，分别取 $p_0 = 5$ MPa、10 MPa，得 P 区宽度 x_p 与采空区宽度 a 的关系，如图 3.7 所示。

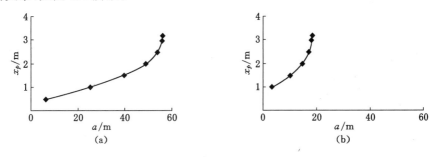

图 3.7　P 区宽度与采空区宽度关系曲线

(a) $p_0 = 5$ MPa；(b) $p_0 = 10$ MPa

由图 3.7 可见：P 区宽度 x_p 随采空区宽度 a 的增大而增大，并趋近于一个极限值 $x_{pm} = 3.2$ m。

对于不同大小的载荷 p_0，P 区宽度的极限值 x_{pm} 相同，对应的采空区宽度 a 的极限值不同。随着载荷的增大，在 P 区宽度达到极限值 x_{pm} 时，对应的采空区宽度 a 的极限值减小。载荷（埋深）越大，对应的采空区宽度 a 的极限值越小。当 $p_0 = 5$ MPa 时，对应的采空区宽度的极限值 $a_m = 55.8$ m；当 $p_0 = 10$ MPa 时，对应的采空区宽度的极限值 $a_m = 18.2$ m。

3.2.2　顶板断裂型冲击地压发生的临界条件与影响因素

在煤层保持稳定的前提下，如果顶板满足断裂条件 $\tau_{max} = \tau_c$（τ_c 为顶板抗剪强度），则发生顶板断裂型冲击地压。

3.2.2.1 采空区上方顶板剪力

$$Q(x) = -\left(x + \frac{a}{2}\right)p_0, \quad -a \leqslant x \leqslant 0 \tag{3.30}$$

采空区上方顶板剪力线性分布，单调减小，$Q(-a) = p_0 a/2, Q(0) = -p_0 a/2$。

3.2.2.2 煤层弹性区上方顶板剪力

$$Q(x) = -\frac{1}{\alpha}C_1^e \exp(-\alpha x), \quad x \geqslant x_p \tag{3.31}$$

煤层弹性区上方顶板剪力指数分布，并在无穷远处趋近于 0，即 $Q(\infty) = 0$。在弹性区与塑性区交界处 $Q(x_p) = -C_1^e \exp(-\alpha x_p)/2$。

3.2.2.3 煤层塑性区上方顶板剪力

$$Q(x) = \frac{C_1^p}{\alpha_1}\exp(\alpha_1 x) + \frac{C_2^p}{\alpha_2}\exp(\alpha_2 x) + d_3 p_0, \quad 0 \leqslant x \leqslant x_p \tag{3.32}$$

$$\frac{\mathrm{d}Q}{\mathrm{d}x} = C_1^p \exp(\alpha_1 x) + C_2^p \exp(\alpha_2 x), \quad 0 \leqslant x \leqslant x_p \tag{3.33}$$

由 $\dfrac{\mathrm{d}Q}{\mathrm{d}x} = 0$，得极值点 x_m 为

$$x_m = \frac{1}{\alpha_1 - \alpha_2}\ln\left(\frac{\alpha_2}{\alpha_1}\frac{1}{1+f_0}\right),$$

$$f_0(x_p) = \frac{\exp(\alpha_1 x_p) - \exp(\alpha_2 x_p)}{\left[\dfrac{d_4 x_p + d_3 - \dfrac{1}{\alpha}}{\dfrac{a}{2} + d_3} + d_4\right]\dfrac{1}{d_4 + 1} - \exp(\alpha_1 x_p)} \tag{3.34}$$

顶板剪力的极小值为

$$Q(x_m) = \left\{\left[f_2 - (f_3 + 1)\left(d_3 + \frac{a}{2}\right)\right]\left(\frac{\alpha_2}{\alpha_1} - 1\right)\frac{\exp(\alpha_2 x_m)}{1 + f_0} + d_3\right\}p_0 \tag{3.35}$$

因 $0 < x_m < x_p$ 时，极值点在煤层塑性区上方，所以 $Q_{\max} = |Q(x_m)|$。当 $\tau_{\max} = Q_{\max}/H = \tau_c$ 时，得

$$\frac{C_1^p}{\alpha_1}\frac{1}{1 + f_0}\left(\frac{\alpha_2}{\alpha_1} - 1\right)\exp(\alpha_2 x_m) + d_3 p_0 + H\tau_c = 0 \tag{3.36}$$

顶板在煤层塑性区上方 $x = x_m$ 位置断裂失稳。在顶板断裂失稳的同时，释放大量弹性能，发生顶板断裂型冲击地压。顶板断裂型冲击地压的临界载荷 $p_{0\sigma}$ 与顶板抗剪强度 τ_c 成正比。取 $H = 10$ m，$G = 8$ GPa，$f = 0.4$，$h = 3$ m，$E = 2$ GPa，$E/\lambda = 0.75$，$\mu = 0.35$，$C = 3$ MPa，$\varphi = 30°$，得顶板断裂型冲击地压发生时临界采空区宽度 $a_{\sigma1}$ 与顶板抗剪强度 τ_c 的关系曲线，如图 3.8 所示。

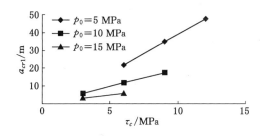

图 3.8　临界采空区宽度与顶板抗剪强度的关系曲线

顶板断裂型冲击地压发生时临界采空区宽度,随载荷增大而减小,随顶板抗剪强度增大而增大。这表明,顶板越坚硬越不容易断裂,越不容易发生顶板断裂型冲击地压。但坚硬顶板积聚的弹性变形能很大,一旦断裂将释放大量弹性变形能量,发生震级较大的顶板断裂型冲击地压。

3.2.3　煤体压缩型冲击地压发生的临界条件与影响因素

在顶板保持稳定不断裂的前提下,如果煤层满足失稳条件 $\dfrac{\mathrm{d}a}{\mathrm{d}x_p} = 0$,则发生煤体压缩型冲击地压。

由于采空区宽度与塑性区宽度的关系很复杂,故采用数值分析方法,给定相关参数绘图分析其变化规律。取 $H = 10$ m,$G = 8$ GPa,$f = 0.4$,$h = 3$ m,$E = 2$ GPa,$E/\lambda = 0.75$,$\mu = 0.35$,$C = 3$ MPa,$\varphi = 30°$,$p_0 = 5$ MPa、7.5 MPa、10 MPa、15 MPa,得塑性区宽度 x_p 与采空区宽度 a 的关系,如图 3.9 所示。

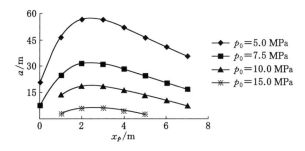

图 3.9　塑性区宽度与采空区宽度关系曲线

图 3.9 显示,塑性区宽度 x_p 与采空区宽度 a 的关系曲线存在极大值点 $x_{p\max}$。当塑性区宽度 $x_p = x_{p\max}$ 时,采空区宽度 a 取得极大值 $a = a_{\max}$。

随着载荷的增大,塑性区宽度 x_p 的极大值点 $x_{p\max} = 3.2$ m 不变,采空区宽度 a 的极大值 $a_{\max}$ 减小。当 $p_0 = 5$ MPa 时,$a_{\max} = 55.8$ m;当 $p_0 = 7.5$ MPa 时,

$a_{max} = 30.7$ m；当 $p_0 = 10$ MPa 时，$a_{max} = 18.2$ m；当 $p_0 = 15$ MPa 时，$a_{max} = 5.7$ m。

在极大值点处满足 $\dfrac{da}{dx_p} = 0$，因此该点即为发生煤体压缩型冲击地压的临界点，因此，临界塑性区宽度为 $x_{pcr} = x_{pmax}$，临界采空区宽度 $a_{cr2} = a_{max}$。

3.2.3.1 载荷 p_0（埋深）的影响

在其他条件不变的条件下，临界采空区宽度 a_{cr2} 随载荷 p_0（埋深）增大而减小，如图 3.10 所示。载荷 p_0（埋深）越大，越容易失稳而发生煤体压缩型冲击地压。载荷 p_0（埋深）存在一个极限值 $p_0 = p_{0max}$。当 $p_0 = p_{0max}$ 时，$a_{cr2} = 0$。这表明：如果 $p_0 \geqslant p_{0max}$，则工作面开始回采时，即达到临界条件，存在发生煤体压缩型冲击地压的可能性。一旦遇到外部扰动，煤体即失稳而发生煤体压缩型冲击地压。

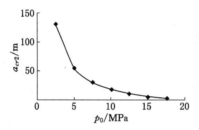

图 3.10　临界塑性区宽度与载荷关系曲线

3.2.3.2 煤的模量比 E/λ 的影响

在其他条件不变的条件下，临界采空区宽度 a_{cr2} 随模量比 E/λ 增大而增大，如图 3.11 所示。当 E/λ 较小时，λ 较大，煤的软化特性较强，则临界采空区宽度 a_{cr2} 较小，煤体较容易失稳而发生煤体压缩型冲击地压。当 E/λ 较大时，λ 较小，煤的软化特性较弱，则临界采空区宽度 a_{cr2} 较大，煤体不易失稳而发生煤体压缩型冲击地压。

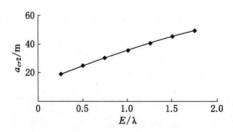

图 3.11　临界塑性区宽度与煤的模量比关系曲线

3.2.3.3 煤的弹性模量的影响

在其他条件不变的条件下,临界采空区宽度 a_{cr2} 随煤的弹性模量增大而减小,如图 3.12 所示。当煤的弹性模量较小时,煤的硬度较小,则临界采空区宽度 a_{cr2} 较大,煤体不容易失稳,即不容易发生煤体压缩型冲击地压。当弹性模量较大时,煤的硬度较大,则临界采空区宽度 a_{cr2} 较小,煤体易于失稳而发生煤体压缩型冲击地压。这表明坚硬煤层容易发生冲击地压。

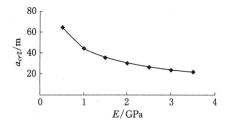

图 3.12 临界塑性区宽度与煤的弹性模量关系曲线

3.2.3.4 煤的黏聚力的影响

在其他条件不变的条件下,临界采空区宽度 a_{cr2} 随煤的黏聚力增大而增大,如图 3.13 所示。当煤的黏聚力较小时,煤的抗压强度较小,则临界采空区宽度 a_{cr2} 较小,煤体容易失稳而发生较小震级的煤体压缩型冲击地压。当黏聚力较大时,煤的抗压强度较大,则临界采空区宽度 a_{cr2} 较大,煤体不易失稳,即不易发生煤体压缩型冲击地压。但一旦发生则震级将会较高。

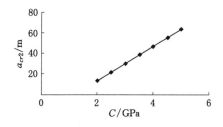

图 3.13 临界塑性区宽度与煤的黏聚力关系曲线

3.2.3.5 煤的内摩擦角的影响

在其他条件不变的条件下,临界采空区宽度 a_{cr2} 随煤的内摩擦角增大而增大,如图 3.14 所示。当煤的内摩擦角较小时,则临界采空区宽度 a_{cr2} 较小,煤体容易失稳而发生煤体压缩型冲击地压。当内摩擦角较大时,则临界采空区宽度 a_{cr2} 较大,煤体不易失稳,即不易发生煤体压缩型冲击地压。

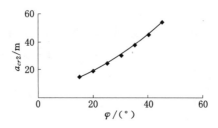

图 3.14　临界塑性区宽度与煤的内摩擦角关系曲线

3.2.3.6　煤层厚度的影响

在其他条件不变的条件下,煤层厚度对临界采空区宽度 $a_{\sigma 2}$ 影响很大,如图 3.15 所示。煤层厚度存在一个临界值 h_σ。当 $h < h_\sigma$ 时,临界采空区宽度 $a_{\sigma 2}$ 随煤层厚度增大而增大;当 $h > h_\sigma$ 时,临界采空区宽度 $a_{\sigma 2}$ 随煤层厚度增大而减小。这表明:薄煤层容易失稳,而发生小震级冲击地压;特厚煤层也容易失稳,应当对煤壁给予适当支护,以避免煤体失稳;厚煤层不容易失稳,但一旦失稳将发生较大震级的煤体压缩型冲击地压。

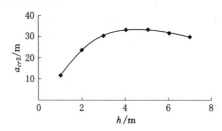

图 3.15　临界塑性区宽度与煤层厚度关系曲线

3.2.3.7　顶板厚度的影响

在其他条件不变的条件下,临界采空区宽度 $a_{\sigma 2}$ 随顶板厚度增大而增大,如图 3.16 所示。当顶板较厚时,则临界采空区宽度 $a_{\sigma 2}$ 较大,顶板变形沿水平方向变化较平缓,煤体不容易失稳。当顶板较薄时,则临界采空区宽度 $a_{\sigma 2}$ 较小,顶板变形沿水平方向变化较剧烈,煤体容易失稳而发生煤体压缩型冲击地压。

3.2.3.8　顶板剪切模量的影响

在其他条件不变的条件下,临界采空区宽度 $a_{\sigma 2}$ 随顶板剪切模量增大而增大,如图 3.17 所示。当顶板剪切模量较小时,顶板较软,则临界采空区宽度 $a_{\sigma 2}$ 较小,煤体容易失稳。当顶板剪切模量较大时,顶板较硬,则临界采空区宽度 $a_{\sigma 2}$ 较大,煤体不容易失稳。

当顶板较软时,τ_c 较小,顶板首先断裂,发生顶板断裂型冲击地压。当顶板

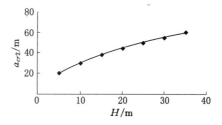

图 3.16 临界塑性区宽度与顶板厚度关系曲线

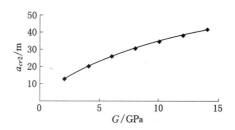

图 3.17 临界塑性区宽度与顶板剪切模量关系曲线

较硬时,τ_c 较大,煤体首先失稳,发生煤体压缩型冲击地压。

取 $H=10$ m,$G=8$ GPa,$f=0.4$,$h=3$ m,$E=2$ GPa,$E/\lambda=0.75$,$\mu=0.35$,$C=3$ MPa,$\varphi=30°$。下面分情况进行研究。

(1) $p_0=5$ MPa(相当于埋深为 200 m)。工作面自开切眼开始,向前推进。

① 煤层冲击:取 $\tau_c=15$ MPa。

当 $a=25.4$ m 时,P 区宽度 $x_p=1.0$ m,顶板最大下沉量 $w_m=0.015\,5$ m。顶板最大剪力位于煤壁处 $Q_{max}=63.5$ MN$<H\tau_c=150$ MN。顶板稳定,煤层稳定。

工作面继续向前推进,当 $a=55.6$ m 时,P 区宽度 $x_p=3.0$ m,顶板最大下沉量 $w_m=0.046\,5$ m。顶板最大剪力位于煤层塑性区上方,$x_m=0.9$ m,$Q_{max}=140.9$ MN$<H\tau_c=150$ MN。顶板稳定,煤层稳定。

工作面继续向前推进,当 $a=55.8$ m 时,P 区宽度 $x_p=3.2$ m,顶板最大下沉量 $w_m=0.046\,9$ m。顶板最大剪力位于煤层塑性区上方,$x_m=1.1$ m,$Q_{max}=142.1$ MN$<H\tau_c=150$ MN。顶板稳定,煤层处于临界状态,遇外部扰动将会发生煤体压缩型冲击地压。

② 顶板冲击:取 $\tau_c=13$ MPa。

当 $a=25.4$ m 时,P 区宽度 $x_p=1.0$ m,顶板最大下沉量 $w_m=0.015\,5$ m。顶板最大剪力位于煤壁处 $Q_{max}=63.5$ MN$<H\tau_c=130$ MN。顶板稳定,煤层

稳定。

工作面继续向前推进,当 $a=51.1$ m 时,P 区宽度 $x_p=2.2$ m,顶板最大下沉量 $w_m=0.039\ 7$ m。顶板最大剪力位于煤层塑性区上方,$x_m=0.1$ m,$Q_{max}=127.8$ MN$<H\tau_c=130$ MN。顶板稳定,煤层稳定。

工作面继续向前推进,当 $a=52.0$ m 时,P 区宽度 $x_p=2.3$ m,顶板最大下沉量 $w_m=0.040\ 8$ m。顶板最大剪力位于煤层塑性区上方,$x_m=0.19$ m,$Q_{max}=130$ MN$=H\tau_c=130$ MN。顶板稳定,顶板处于临界状态,遇外部扰动将发生顶板断裂型冲击地压。

③ 顶板冲击:取 $\tau_c=10$ MPa。

当 $a=25.4$ m 时,P 区宽度 $x_p=1.0$ m,顶板最大下沉量 $w_m=0.015\ 5$ m。顶板最大剪力位于煤壁处 $Q_{max}=63.5$ MN$<H\tau_c=100$ MN。顶板稳定,煤层稳定。

工作面继续向前推进,当 $a=39.6$ m 时,P 区宽度 $x_p=1.5$ m,顶板最大下沉量 $w_m=0.027\ 1$ m。顶板最大剪力位于煤壁处 $Q_{max}=100$ MN$=H\tau_c=100$ MN。煤层稳定,顶板处于临界状态,遇外部扰动将会发生顶板断裂型冲击地压。

(2) $p_0=10$ MPa(相当于埋深为 400 m)。工作面自开切眼开始,向前推进。

① 煤层冲击:取 $\tau_c=15$ MPa。

当 $a=3.3$ m 时,P 区宽度 $x_p=1.0$ m,顶板最大下沉量 $w_m=0.010\ 2$ m。顶板最大剪力位于煤壁处 $Q_{max}=16.7$ MN$<H\tau_c=150$ MN。顶板稳定,煤层稳定。

工作面继续向前推进,当 $a=14.8$ m 时,P 区宽度 $x_p=2.0$ m,顶板最大下沉量 $w_m=0.021\ 0$ m。顶板最大剪力位于煤层塑性区上方,$x_m=0.52$ m,$Q_{max}=74.9$ MN$<H\tau_c=150$ MN。顶板稳定,煤层稳定。

工作面继续向前推进,当 $a=18.2$ m 时,P 区宽度 $x_p=3.2$ m,顶板最大下沉量 $w_m=0.027\ 4$ m。顶板最大剪力位于煤层塑性区上方,$x_m=1.69$ m,$Q_{max}=100$ MN$<H\tau_c=150$ MN。顶板稳定,煤层处于临界状态,遇外部扰动将会发生煤体压缩型冲击地压。

② 顶板冲击:取 $\tau_c=8$ MPa。

当 $a=3.3$ m 时,P 区宽度 $x_p=1.0$ m,顶板最大下沉量 $w_m=0.010\ 2$ m。顶板最大剪力位于煤壁处 $Q_{max}=16.8$ MN$<H\tau_c=80$ MN。顶板稳定,煤层稳定。

工作面继续向前推进,当 $a=14.8$ m 时,P 区宽度 $x_p=2.0$ m,顶板最大下沉量 $w_m=0.021\ 0$ m。顶板最大剪力位于煤层塑性区上方,$x_m=0.52$ m,$Q_{max}=$

74.9 MN$<H\tau_c=80$ MN。顶板稳定,煤层稳定。

工作面继续向前推进,当 $a=15.7$ m 时,P 区宽度 $x_p=2.15$ m,顶板最大下沉量 $w_m=0.022\ 2$ m。顶板最大剪力位于煤层塑性区上方,$x_m=0.66$ m,$Q_{max}=80$ MN$=H\tau_c=80$ MN。顶板稳定,顶板处于临界状态,遇外部扰动将会发生顶板断裂型冲击地压。

③ 顶板冲击:取 $\tau_c=4$ MPa。

当 $a=3.3$ m 时,P 区宽度 $x_p=1.0$ m,顶板最大下沉量 $w_m=0.010\ 2$ m。顶板最大剪力位于煤壁处 $Q_{max}=16.7$ MN$<H\tau_c=50$ MN。顶板稳定,煤层稳定。

工作面继续向前推进,当 $a=7.9$ m 时,P 区宽度 $x_p=1.31$ m,顶板最大下沉量 $w_m=0.013\ 8$ m。顶板最大剪力位于煤壁处 $Q_{max}=40$ MN$=H\tau_c=40$ MN。煤层稳定,顶板处于临界状态,遇外部扰动将会发生顶板断裂型冲击地压。

3.2.4 矩形巷道煤体压缩型冲击地压发生的临界条件与影响因素

对于以上分析模型,当 a 为矩形巷道的宽度时,得到矩形巷道简化模型。按照类似方法进行解析分析,可得到矩形巷道无支护条件下冲击地压发生的临界条件。

巷道支护可认为有两种形式。一是受开挖面空间效应影响,可认为存在虚拟支护力;二是实际支护结构与虚拟支护共同作用产生的支护力。设支护力为 p_s,其大小与巷道断面位置与巷道开挖面之间的距离 S 有关。当 S 较小时,在巷道开挖面附近,虚拟支护力较大,而实际支护力较小,或没有实际支护。当 S 较大时,距离巷道开挖面较远,虚拟支护力较小,而实际支护力较大。

在巷道位置,$a\leqslant x\leqslant0$,由 $p(x)=p_s$,得

$$\frac{d^2w}{dx^2}=\frac{p_s-p_0}{GH} \tag{3.37}$$

积分上式,并由 $x=-\dfrac{a}{2}$ 处,$\dfrac{dw}{dx}=0$,得

$$\frac{dw}{dx}=\frac{(p_s-p_0)(2x+a)}{2GH},w=C_1^o+\frac{(p_s-p_0)(x^2+ax)}{2GH},$$

$$Q=(p_s-p_0)\left(x+\frac{a}{2}\right) \tag{3.38}$$

式中,C_1^o 为积分常数。其他同前。

按照同样的推导过程,得到考虑支护作用情况下的矩形巷道煤体压缩型冲击地压发生的临界条件。

3.2.5 水平地应力的影响

前文对煤层采用了线性损伤模型,应用应变等效假设描述峰后塑性软化特性。其缺点是:① 在煤层弹性变形区与塑性软化变形区交界处的弹性区侧不能满足屈服条件;② 原岩应力的水平分量采用海姆假设,即 $\sigma_x(\infty)=\mu'p_0$,与实际情况不符;③ 不能用于分析煤层纯弹性变形的情况。

为克服以上缺点,假设原岩应力的水平分量满足 $\sigma_x(\infty)=\kappa p_0$,其中 κ 称为水平应力系数(侧应力系数);煤层水平应力 σ_x 随与煤壁距离增大而增大,煤壁处 $\sigma_x=0$。假设水平应力分布为负指数函数[139],ζ 为水平应力分布指数,x 为距煤壁的距离,则

$$\sigma_x = \kappa p_0 [1-\exp(-\zeta x)] \tag{3.39a}$$

随着工作面自开切眼位置向前推进,a 逐渐增大,开始阶段煤层发生弹性变形(单一 E 区)。随工作面继续推进,煤层出现两个不同的变形区域:弹性变形区(E 区)、塑性变形区(P 区)。

在 E 区,垂直应力 σ_z 与煤层压缩变形量 w 成正比

$$\sigma_z = kw, w \leqslant w_e \tag{3.39b}$$

式中,$k=\dfrac{E}{h}$ 为弹性刚度;峰值位移 $w_e=\dfrac{p_e}{k}$,w_e 为 E 区与 P 区交界处的煤层压缩量,p_e 为峰值载荷。

在 P 区,服从 M-C 准则

$$\sigma_z = m\sigma_x + \sigma_c - k_1(w-w_e), w_e \leqslant w \tag{3.39c}$$

式中,$m=\dfrac{1+\sin\varphi}{1-\sin\varphi}$,其中 φ 为内摩擦角;$k_1=\dfrac{\lambda}{h}$ 为软化刚度;w_e 为 R 区与 P 区交界处的煤层压缩量。

峰值载荷 $p_e=m\sigma_x^e+\sigma_c$,其中 $\sigma_c=2C\sqrt{m}$,C 为黏聚力,σ_x^e 为 E 区与 P 区交界处的水平应力。

煤层参数:$h=3$ m,$E=2$ GPa,$E/\lambda=0.75$,$C=3$ MPa,$\varphi=30°$,$\kappa=1.5$,$\zeta=0.1$。

假设顶板厚度为 H,等效剪切模量为 G,$K=GH$,则

$$K\frac{\mathrm{d}^2 w}{\mathrm{d}x^2} = \sigma_z - p_0 , Q = K\frac{\mathrm{d}w}{\mathrm{d}x}, \tau = \frac{Q}{1 \times H} = G\frac{\mathrm{d}w}{\mathrm{d}x} \tag{3.40}$$

顶板参数:$H=10$ m,$G=8$ GPa。

据此建立考虑水平地应力的煤层-采空区-顶底板系统。

E 区:$x \geqslant x_p$,$Kw = \dfrac{p_0}{\alpha^2}[C_2^e \exp(-\alpha x)+1]$;$K\dfrac{\mathrm{d}w}{\mathrm{d}x} = -\dfrac{p_0}{\alpha}C_2^e\exp(-\alpha x)$。$C_2^e$

为积分常数；$\alpha = \sqrt{\dfrac{k}{K}}$。

O 区：$-a \leqslant x \leqslant 0$，$Kw = C_2^o - \dfrac{p_0}{2}(ax + x^2)$；$K \dfrac{\mathrm{d}w}{\mathrm{d}x} = -p_0 \left(\dfrac{a}{2} + x \right)$。$C_2^o$ 为积分常数。

P 区：$0 \leqslant x \leqslant x_p$，由 $\sigma_z = \sigma_x = \kappa p_0 [1 - \exp(-\zeta x)]$；$\sigma_z = m\sigma_x + \sigma_c - k_1 (w - w_e)$，$K \dfrac{\mathrm{d}^2 w}{\mathrm{d}x^2} = \sigma_z - p_0$，得

$$Kw = C_1^p \sin(\beta x) + C_2^p \cos(\beta x) + a_1 + Kw_e - a_2 \exp(-\zeta x) \quad (3.41a)$$

$$K \dfrac{\mathrm{d}w}{\mathrm{d}x} = \beta C_1^p \cos(\beta x) - \beta C_2^p \sin(\beta x) + a_2 \zeta \exp(-\zeta x) \quad (3.41b)$$

式中，$\beta = \sqrt{\dfrac{k_1}{K}}$，$a_1 = \dfrac{m\kappa p_0 + \sigma_c - p_0}{\beta^2}$，$a_2 = \dfrac{m\kappa p_0}{\beta^2 + \zeta^2}$。

在 $x = 0$，$x = x_p$ 处，w、$\dfrac{\mathrm{d}w}{\mathrm{d}x}$ 连续。在 $x = x_p$ 处，满足屈服条件，得

$$C_2^e = \left(\dfrac{a_1 \beta^2}{p_0} - m\kappa \exp(-\zeta x_p) \right) \exp(\alpha x_p)，C_2^o = C_2^p + a_1 + Kw_e + a_2$$

$$(3.42a)$$

$$C_2^p = -f_1 \cos(\beta x_p) + \dfrac{f_2}{\beta} \sin(\beta x_p)，C_1^p = -f_1 \sin(\beta x_p) - \dfrac{f_2}{\beta} \cos(\beta x_p)$$

$$(3.42b)$$

$$a = \dfrac{2}{p_0} [\beta f_1 \sin(\beta x_p) + f_2 \cos(\beta x_p) - a_2 \zeta] \quad (3.43)$$

式中，$f_1 = a_1 - a_2 \exp(-\zeta x_p)$；$f_2 = \dfrac{a_1 \beta^2}{\alpha} - \left(\dfrac{m\kappa p_0}{\alpha} - a_2 \zeta \right) \exp(-\zeta x_p)$。

3.2.5.1 顶板断裂型冲击地压发生条件

由以上推导得

$$Q = \begin{cases} -p_0 \left(\dfrac{a}{2} + x \right) & (-a \leqslant 0 \leqslant x) \\ \beta [C_1^p \cos(\beta x) - C_2^p \sin(\beta x)] + a_2 \zeta \exp(-\zeta x) & (0 \leqslant x \leqslant x_p) \\ -\dfrac{p_0}{\alpha} C_2^e \exp(-\alpha x) & (x_p \leqslant x) \end{cases}$$

$$(3.44)$$

由 $\dfrac{\mathrm{d}Q}{\mathrm{d}x} = 0$，得极值点 x_m。

$$\beta^2 [C_1^p \sin(\beta x_m) + C_2^p \cos(\beta x_m)] + a_2 \zeta^2 \exp(-\zeta x_m) = 0 \quad (3.45)$$

由以上等式求得顶板剪力的极值点 x_m，得到顶板剪力最大值 $Q_{\max} =$

$|Q(x_m)|$。当 $\tau_{max}=Q_{max}/H=\tau_{cf}$ 时,得顶板断裂条件

$$\beta[C_2^\rho \sin(\beta x_m)-C_1^\rho \cos(\beta x_m)]-a_2\zeta \exp(-\zeta x_m)=H\tau_{cf} \qquad (3.46)$$

顶板在煤层塑性区上方 $x=x_m$ 位置断裂失稳。在顶板断裂失稳的同时,释放大量弹性能,发生顶板断裂型冲击地压。顶板断裂型冲击地压发生时临界采空区宽度,随载荷增大而降低,随顶板抗剪强度增大而增大。这表明,顶板越坚硬越不容易断裂,越不容易发生顶板断裂型冲击地压。但坚硬顶板积聚的弹性变形能很大,一旦断裂将释放大量弹性变形能量,发生震级较大的顶板断裂型冲击地压。

3.2.5.2 煤体压缩型冲击地压发生条件

在顶板保持稳定不断裂的前提下,如果煤层满足失稳条件 $\dfrac{da}{dx_p}=0$,则发生煤体压缩型冲击地压。由以上数据,得塑性区宽度 x_p 与采空区宽度 a 的关系,如图3.18所示。

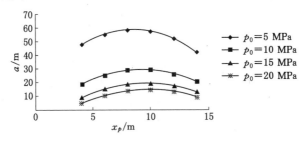

图 3.18　塑性区宽度与采空区宽度关系曲线

图3.18显示,塑性区宽度 x_p 与采空区宽度 a 的关系曲线存在极大值点 x_{pmax}。当塑性区宽度 $x_p=x_{pmax}$ 时,采空区宽度 a 取得极大值 $a=a_{max}$。

随着载荷的增大,塑性区宽度 x_p 的极大值点 x_{pmax} 增大,采空区宽度 a 的极大值 a_{max} 减小。在极大值点处满足 $\dfrac{da}{dx_p}=0$,该点即为发生煤体压缩型冲击地压的临界点,因此,临界塑性区宽度为 $x_p=x_{pmax}$,临界采空区宽度 $a_{cr2}=a_{max}$。

煤体压缩型冲击地压的影响因素有:载荷 p_0(埋深)、煤的模量比 E/λ、弹性模量、黏聚力、内摩擦角、煤层厚度、顶板厚度、顶板剪切模量。其影响规律同前,不再赘述。

3.3　断层-煤柱系统

本节通过建立断层-煤柱系统,研究断层错动型冲击地压,建立断层活化条

件,分析其主要影响因素。

设采空区宽度为 a,断层煤柱宽度为 L。取单位长度按平面应变问题进行计算,建立平面直角坐标系 $o\text{-}xz$。其他条件同前,如图 3.19 所示。

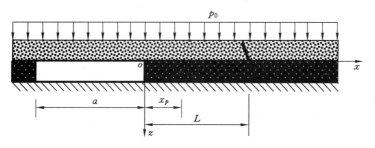

图 3.19　断层-煤柱系统分析模型

3.3.1　应力与变形分布规律

断层活化之前,系统处于稳定平衡状态,应力与变形分布规律如下:

$$
GHw = \begin{cases}
C_2^e - \dfrac{ax + x^2}{2}p_0 & (-a \leqslant x \leqslant 0) \\[2mm]
\dfrac{C_1^p}{\alpha_1^2}\exp(\alpha_1 x) + \dfrac{C_2^p}{\alpha_2^2}\exp(\alpha_2 x) + d_3(p_0 x + C_3^p) + d_0 p_0 & (0 \leqslant x \leqslant x_p) \\[2mm]
\dfrac{1}{\alpha^2}\left[C_1^e\exp(-\alpha x) + p_0\right] & (x \geqslant x_p)
\end{cases}
$$

$$(3.47a)$$

$$
Q = GH\frac{\mathrm{d}w}{\mathrm{d}x} = \begin{cases}
-\left(x + \dfrac{a}{2}\right)p_0 & (-a \leqslant x \leqslant 0) \\[2mm]
\dfrac{C_1^p}{\alpha_1}\exp(\alpha_1 x) + \dfrac{C_2^p}{\alpha_2}\exp(\alpha_2 x) + d_3 p_0 & (0 \leqslant x \leqslant x_p) \\[2mm]
-\dfrac{1}{\alpha^2}C_1^e\exp(-\alpha x) & (x \geqslant x_p)
\end{cases}
$$

$$(3.47b)$$

$$
\sigma_z = \begin{cases}
C_1^p\exp(\alpha_1 x) + C_2^p\exp(\alpha_2 x) + p_0 & (0 \leqslant x \leqslant x_p) \\[2mm]
C_1^e\exp(-\alpha x) + p_0 & (x \geqslant x_p)
\end{cases}
$$

$$(3.47c)$$

$$
\sigma_x = \begin{cases}
\dfrac{2f}{h}\left[\dfrac{C_1^p}{\alpha_1}\exp(\alpha_1 x) + \dfrac{C_2^p}{\alpha_2}\exp(\alpha_2 x) + p_0 x + C_3^p\right] & (0 \leqslant x \leqslant x_p) \\[2mm]
\mu'\left[C_1^e\exp(-\alpha x) + p_0\right] & (x \geqslant x_p)
\end{cases}
$$

$$(3.47d)$$

$$a = 2\left[\frac{d_7 f_1 - d_5 f_2}{d_6 \exp(\alpha_1 x_p + \alpha_2 x_p)} - d_3\right] \tag{3.47e}$$

式中，$\alpha_1 = \dfrac{mf}{h}\left(1 + \sqrt{1 - \dfrac{d_2 h^2}{GHm^2 f^2}}\right)$，其中 $d_2 = \dfrac{2\lambda}{\sqrt{3}h}$；$\alpha_2 = \dfrac{mf}{h}\left(1 - \sqrt{1 - \dfrac{d_2 h^2}{GHm^2 f^2}}\right)$；

$\alpha = \sqrt{\dfrac{E'}{GHh(1-\mu'^2)}}$；$\dfrac{C_1^p}{\alpha_1} = -C_3^p - \dfrac{C_2^p}{\alpha_2}$；$\dfrac{C_2^p}{\alpha_2} = \left[d_4\left(x_p + \dfrac{C_3^p}{p_0}\right) - \dfrac{1}{\alpha_1} + d_3 - \right.$

$\left.(d_4+1)\dfrac{C_3^p}{p_0}\exp(\alpha_1 x_p)\right]\dfrac{p_0}{f_1}$，$d_4 = \dfrac{2f}{\alpha h \mu}$；$C_3^p = \left(d_3 + \dfrac{a}{2}\right)p_0$；$C_2^o = \dfrac{C_1^p}{\alpha_1^2} + \dfrac{C_2^p}{\alpha_2^2} + $

$d_3 C_3^p + d_0 p_0$；$C_1^e = -\left[\dfrac{C_1^p}{\alpha_1}\exp(\alpha_1 x_p) + \dfrac{C_2^p}{\alpha_2}\exp(\alpha_2 x_p) + d_3 p_0\right]\alpha\exp(-\alpha x_p)$；$d_0 = $

$\dfrac{\dfrac{d_1}{p_0} - 1}{\alpha_1 \alpha_2}$，$d_1 = \left(1 + \dfrac{\lambda}{E}\right)\sigma_c$；$d_3 = \dfrac{1}{\alpha_1} + \dfrac{1}{\alpha_2}$。

且

$$f_1(x_p) = (d_4 + 1)[\exp(\alpha_1 x_p) - \exp(\alpha_2 x_p)]$$

$$f_2(x_p) = \left(\frac{d_4}{\alpha} - \frac{1}{\alpha_2}\right)\exp(\alpha_2 x_p) - \left(\frac{d_4}{\alpha} - \frac{1}{\alpha_1}\right)\exp(\alpha_1 x_p)$$

$$f_3(x_p) = d_4 x_p + d_3 - \frac{1}{\alpha}$$

$$f_4(x_p) = d_4 - (d_4 + 1)\exp(\alpha_1 x_p)$$

$$f_5(x_p) = \left(d_3 - \frac{d_4}{\alpha_1}\right)x_p + d_0$$

$$f_6(x_p) = \left(d_3 - \frac{d_4}{\alpha}\right) + \left(\frac{d_4}{\alpha} - \frac{1}{\alpha_1}\right)\exp(\alpha_1 x_p)$$

3.3.2 断层错动型冲击地压的发生条件及影响因素

假设断层处于煤层弹性区位置，$x_p < L$，断层处的顶板剪力 $Q(L)$ 为

$$Q(L) = -\frac{1}{\alpha}C_1^e \exp(-\alpha L) \tag{3.48}$$

3.3.2.1 不考虑断层倾角

在不考虑断层倾角时，设 τ_f 为断层抗剪强度。由断层活化条件

$$Q(L) = -H\tau_f \tag{3.49}$$

得发生断层错动型冲击地压的临界断层煤柱宽度 $L_{\min}$

$$L_{\min} = \frac{1}{\alpha}\ln\left(\frac{C_1^e}{\varepsilon H \tau_f}\right) \tag{3.50}$$

取 $H = 10$ m，$G = 8$ GPa，$f = 0.4$，$h = 3$ m，$E = 2$ GPa，$E/\lambda = 0.75$，$\mu = 0.35$，

$C=3$ MPa, $\varphi=30°$, $\tau_f=2$ MPa, 分别取 $p_0=5$ MPa、10 MPa, 得临界断层煤柱宽度 $L_{\min}$ 与采空区宽度 a 的关系, 如图 3.20 所示。

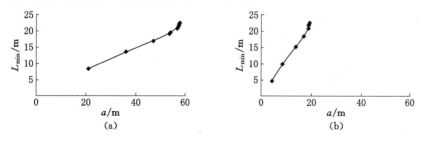

图 3.20　临界断层煤柱宽度与采空区宽度的关系曲线

(a) $p_0=5$ MPa; (b) $p_0=10$ MPa

在既不发生顶板断裂, 又不发生煤体压缩型冲击地压的条件下, 临界断层煤柱宽度 $L_{\min}$ 随采空区宽度 a 的增大而增大。在断层带介质抗剪强度 τ_f 较小的情况下, 断层易于活化, 发生断层错动型冲击地压。在断层带介质抗剪强度 τ_f 较大的情况下, 断层不易活化, 断层错动型冲击地压发生之前, 或者顶板首先断裂发生顶板断裂型冲击地压, 或者煤体首先失稳发生煤体压缩型冲击地压。

在工作面走向平行断层面布置时, 应根据工作面倾向长度 a 计算临界断层煤柱宽度 $L_{\min}$。留设足够的断层煤柱宽度, $L>L_{\min}$, 以避免断层错动型冲击地压的发生。

在工作面走向垂直断层面布置时, 应首先选择将开切眼布置在断层附近, 背离断层推进。根据顶板初次来压步距计算临界断层煤柱宽度 $L_{\min}$。留设足够的断层煤柱宽度, $L>L_{\min}$, 以避免断层错动型冲击地压的发生。

在采煤工作面前方遇到断层时, 应根据顶板垮落情况计算临界断层煤柱宽度 $L_{\min}$。在断层煤柱宽度 $L=L_{\min}$ 之前, 采取煤体卸压、顶板预裂、断层弱化等措施, 以避免断层错动型冲击地压的发生。

3.3.2.2　考虑断层倾角

（1）下盘开采

在考虑断层倾角时, 设断层倾角为 β, 断层位置处的顶板剪力 $Q(L)$、煤层支承力 $p(L)$ 分别为

$$Q(L)=-p_0 f_0(x_p)\exp(\alpha x_p-\alpha L) \tag{3.51a}$$

$$p(L)=\sigma_z(L)=p_0+p_0\alpha f_0(x_p)\exp(\alpha x_p-\alpha L) \tag{3.51b}$$

$$f_0(x_p)=\left(1-\frac{1}{d_4}\right)\frac{f_1 f_4-f_3 f_5}{f_2 f_5-f_1 f_6}-f_3-d_3 \tag{3.51c}$$

在进行下盘开采时, 随采空区宽度的增加, 断层位置处的顶板剪力 $Q(L)$ 的

绝对值增大、煤层支承力 $p(L)$ 增大，断层下盘的煤层顶板产生下滑趋势。设断层面上的正应力为 σ_n、剪应力为 τ_n（图 3.21），断层面介质的黏聚力为 C_f、内摩擦角为 φ_f。由库仑准则，断层活化条件为

$$\tau_n = C_f + \sigma_n \tan \varphi_f \tag{3.52}$$

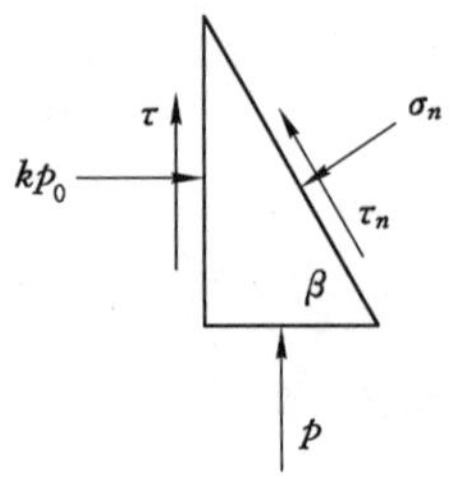

图 3.21　断层下盘开采顶板单元体

水平应力系数为 $k = \mu'$，取断层位置处顶板单元体，其平衡条件为

$$\mu' p_0 H \cos \beta - p(L) \frac{H}{\tan \beta} \sin \beta - Q(L) \sin \beta - \tau_n \frac{H}{\sin \beta} = 0 \tag{3.53a}$$

$$\sigma_n \frac{H}{\sin \beta} - Q(L) \cos \beta - p(L) \frac{H}{\tan \beta} \cos \beta - \mu' p_0 H \sin \beta = 0 \tag{3.53b}$$

联立以上各式，得发生断层错动型冲击地压的临界断层煤柱宽度 $L_{1\min}$

$$L_{1\min} = x_p + \frac{1}{\alpha} \ln \left[\frac{\left(1 + \frac{\tan \varphi_f}{\tan \beta}\right)\left(\frac{\tan \beta}{H} - \alpha\right) f_0(x_p)}{\frac{2C_f}{p_0 \sin(2\beta)} + \frac{\tan \varphi_f}{\tan \beta} + (\tan \beta \tan \varphi_f - 1)\mu' + 1} \right] \tag{3.54}$$

适用条件为 $\frac{\tan \beta}{H} > \alpha$，即 $\beta > \arctan(\alpha H)$。

（2）上盘开采

设断层倾角为 β（图 3.22）。断层位置处的顶板剪力 $Q(L)$ 为 $Q(L) = -p_0 f_0(x_p) \cdot \exp(\alpha x_p - \alpha L)$。断层活化条件为 $\tau_n = C_f + \sigma_n \tan \varphi_f$。

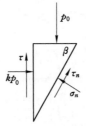

图 3.22　断层上盘开采顶板单元体

水平应力系数为 $k=\mu'$，取断层位置处顶板单元体，其平衡条件为

$$p_0 \frac{H}{\tan \beta}\sin \beta - \mu' p_0 H\cos \beta - Q(L)\sin \beta - \tau_n \frac{H}{\sin \beta} = 0 \quad (3.55\text{a})$$

$$\sigma_n \frac{H}{\sin \beta} + Q(L)\cos \beta - p_0 \frac{H}{\tan \beta}\cos \beta - \mu' p_0 H\sin \beta = 0 \quad (3.55\text{b})$$

联立以上各式,得发生断层错动型冲击地压的临界断层煤柱宽度 $L_{2\min}$

$$L_{2\min} = x_p + \frac{1}{\alpha}\ln\left[\frac{1}{H}\frac{(\tan \beta - \tan \varphi_f)f_0(x_p)}{\dfrac{2C_f}{p_0 \sin(2\beta)} + \dfrac{\tan \varphi_f}{\tan \beta} + (\tan \beta\tan \varphi_f + 1)\mu' - 1}\right]$$

$$(3.56)$$

下面在煤层与顶板参数不变的条件下,讨论载荷参数、断层参数对临界断层煤柱宽度的影响规律。取 $H=10$ m, $G=8$ GPa, $f=0.4$, $h=3$ m, $E=2$ GPa, $E/\lambda=0.75$, $\mu=0.35$, $C=3$ MPa, $\varphi=30°$。

① 载荷参数的影响(图 3.23)

取断层参数分别为 $C_f=1.5$ MPa, $\varphi_f=25°$, $\beta=80°$。

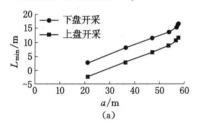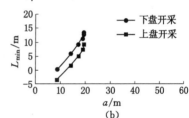

图 3.23 载荷参数(埋深)对临界断层煤柱宽度的影响规律

(a) $p_0=5$ MPa;(b) $p_0=10$ MPa

② 断层倾角 β 的影响(图 3.24)

取断层参数分别为 $C_f=1.5$ MPa, $\varphi_f=25°$;载荷参数 $p_0=7.5$ MPa。

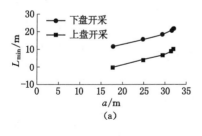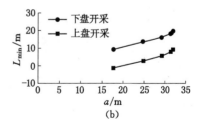

图 3.24 断层倾角对临界断层煤柱宽度的影响规律

(a) $\beta=55°$;(b) $\beta=65°$

③ 断层带介质黏聚力 C_f 的影响(图 3.25)

取断层参数分别为 $\beta=80°,\varphi_f=25°$;载荷参数 $p_0=7.5$ MPa。

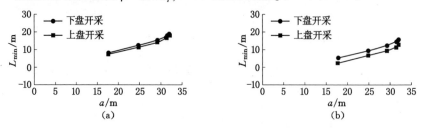

图 3.25 断层带介质黏聚力对临界断层煤柱宽度的影响规律

(a) $C_f=0$ MPa;(b) $C_f=1$ MPa

④ 断层带介质内摩擦角 φ_f 的影响(图 3.26)

取断层参数分别为 $\beta=80°,C_f=1.5$ MPa;载荷参数 $p_0=7.5$ MPa。

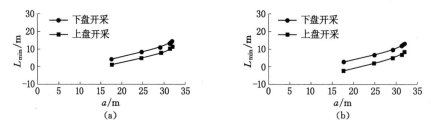

图 3.26 断层带介质内摩擦角对临界断层煤柱宽度的影响规律

(a) $\varphi_f=25°$;(b) $\varphi_f=35°$

分析图 3.23~图 3.26,可以得到以下结论:

a. 下盘开采时的断层煤柱最小宽度大于上盘开采时的断层煤柱最小宽度,表明下盘开采易于发生断层活化而诱发断层错动型冲击地压,必须留有足够宽度的断层煤柱。

b. 上盘开采时的断层煤柱最小宽度较小,有时为负值,表明即使留设较小断层煤柱,甚至不留,也不会发生断层活化而诱发断层错动型冲击地压,比下盘开采影响较小。

c. 随着采深增大,载荷 p_0 增大,对于相同的采空区宽度,断层煤柱最小宽度有所增大,但增大幅度很小,表明采深(载荷 p_0)对煤层煤柱最小宽度影响较小。留设足够宽的断层煤柱不是避免断层活化而诱发断层错动型冲击地压的主要方法。

d. 在载荷参数和断层带介质强度参数一定的条件下,随着断层倾角的增大,下盘开采时的断层煤柱最小宽度减小,上盘开采时的断层煤柱最小宽度增大,但幅度不大。

e. 在载荷参数和断层倾角、断层介质内摩擦角一定的条件下,随断层带介质黏聚力的增大,下盘开采时和上盘开采时的断层煤柱最小宽度均存在减小的趋势,但上盘开采时减小幅度大于下盘开采时的减小幅度。

f. 在载荷参数和断层倾角、断层介质黏聚力一定的条件下,随断层带介质内摩擦角的增大,下盘开采时和上盘开采时的断层煤柱最小宽度均减小,表明断层带介质内摩擦角对发生断层活化而诱发断层错动型冲击地压影响很大。

3.4 顶板破裂剪切失稳机理

在近百年的冲击地压发生机理研究过程中先后出现过强度理论、刚度理论、能量理论、冲击倾向性理论,以及三因素理论、三准则理论等组合理论。冲击地压失稳理论的出现,将机理研究提升到了一个新的水平。冲击地压扰动响应失稳理论是冲击地压失稳理论的深化与发展。

揭示冲击地压发生机理的关键在于探索冲击源,即冲击地压的启动位置。从煤矿现场发生的冲击地压事故,结合以上解析分析结果可知,几乎所有冲击地压的发生都有顶板的参与。顶板断裂型冲击地压与顶板断裂直接相关;煤体压缩型冲击地压源于巷道上方顶板、煤柱上方顶板、工作面煤层上方顶板对煤体的压力;断层错动型冲击地压源于顶板中的断层活化。因此,可以认为冲击地压发生的冲击源主要为顶板。

3.4.1 顶板破裂的 C 形板模型

由上小节的解析分析,得到以下结论:

(1) 煤层是否发生塑性变形取决于上覆岩层压力的大小与煤的抗压强度。当煤的抗压强度一定时,取决于上覆岩层压力的大小。当浅部开采时,煤层埋深较小,上覆岩层压力较小,如果上覆岩层压力小于煤的抗压强度,则煤层只发生弹性变形。当深部开采时,煤层埋深增大,上覆岩层压力增大,如果上覆岩层压力大于煤的抗压强度,则在开采初期,煤层就会发生弹塑性变形,在工作面煤壁附近区域出现塑性变形区。

(2) 从顶板变形破坏角度看,由于基本顶强度远远大于直接顶,在工作面推进过程中,直接顶随采随落,或者稍滞后于工作面冒落,基本顶在工作面后方采空区处于无支承的悬空状态。同样,基本顶周期破裂步距约为初次破裂步距的一半,并且其数值都较大。不论煤层是发生弹性变形,还是发生弹塑性变形,基本顶周期破裂步距都约为初次破裂步距的 2 倍。基本顶破裂步距与上覆岩层压力、基本顶厚度、抗剪强度有关。上覆岩层压力越大，破裂步距越小；抗剪强度越大，破裂步距越大；厚度越大，破裂步距越大。

下面根据以上结果，建立基本顶破裂的结构力学模型。

工作面自开切眼开始向前推进，如图 3.27（a）所示。基本顶达到初次破裂条件时，在工作面煤壁和开切眼处分别出现一条垂直于工作面走向的裂纹。由于受到工作面两巷侧实体煤和巷道支护的约束作用，这两条裂纹的长度将会短于工作面倾向长度，并不能贯穿至两巷上方，如图 3.27（b）所示。

基本顶达到初次破裂条件后，工作面继续向前推进，已经出现的两条裂纹开始扩展。扩展方向并不与工作面走向垂直，而是有一定角度，沿弧形曲线扩展。

基本顶达到第一次周期破裂条件时，在工作面煤壁处又会出现一条垂直于工作面走向的裂纹，如图 3.27（c）所示。之后，每次达到周期破裂条件时，都会在工作面煤壁处出现一条垂直于工作面走向的裂纹，如图 3.27（d）所示。随工作面向前推进，已经出现的裂纹都会沿弧形曲线扩展，并依次扩展至两巷煤壁附近，如图 3.32（e）所示。

由于受到工作面两巷侧实体煤和巷道支护的约束作用，巷道上方直接顶不能完全垮落，有一定长度的悬顶。在这些约束的耦合作用下，基本顶裂纹不能扩展至巷道上方或者实体煤内，而是在接近巷道上方时转变为近似与巷道轴线平行，然而发生一个小的转折。随后与邻近裂纹并合。多条裂纹并合后，基本顶在巷道上方形成边界为锯齿状的悬顶，如图 3.27（f）所示。

综上所述，采空区上方基本顶将形成以裂纹为边界的 C 形板，本书称之为基本顶破裂的 C 形板模型。

基本顶初次破裂形成的 C 形板几何尺寸相对较大，而周期破裂形成的 C 形板几何尺寸相对较小。沿倾向方向，两者几何尺寸大致相等，略小于工作面倾向长度 b，称为 C 形板长度，用 B 表示，即 $B \approx b$。沿走向方向，周期破裂形成的 C 形板几何尺寸大致相等，约为初次破裂形成的 C 形板几何尺寸的一半，等于基本顶周期破裂步距，称为 C 形板宽度，用 L 表示。

C 形板宽度 L 与上覆岩层压力、基本顶厚度、抗剪强度有关。上覆岩层压力越大，L 越小，C 形板越窄。基本顶抗剪强度越大，L 越大，C 形板越宽。基本顶厚度越大，L 越大，C 形板越宽。

基本顶破裂出现裂纹后，由于裂纹并没有沿基本顶厚度方向贯穿，相邻 C 形板之间仍然存在沿基本顶厚度方向的剪应力和沿水平方向的水平推力作用。

当剪应力和水平推力共同作用力与上覆岩层作用力达到平衡时，C 形板不会下滑垮落。由于 C 形板发生剪切变形，将会沿厚度方向产生错动下沉。工作

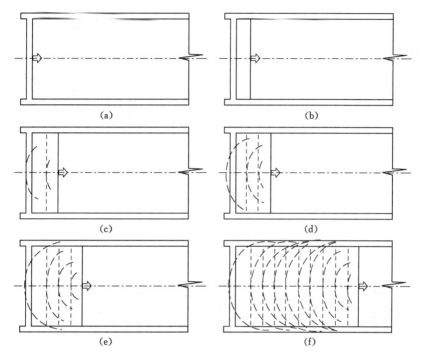

图 3.27 顶板破裂的 C 形板模型

面附近的 C 形板由于下沉量较小,不会触矸,而是处于悬空状态。工作面后方的 C 形板由于下沉量较大,将会触矸,对碎胀岩石产生压缩作用。

当剪应力和水平推力共同作用不能抵抗上覆岩层作用力时,C 形板将会下滑垮落,对碎胀岩石产生冲击作用,成为顶板断裂型冲击地压的冲击源。

3.4.2 顶板断裂诱发冲击地压的剪切失稳机理

煤层及其上覆顶板岩层、下伏底板岩层为层状岩体。煤矿开采在层状岩体中进行。煤层及其顶底板岩层构成煤岩变形系统。

开采前,在原岩应力作用下,煤岩变形系统处于静平衡状态。设空间任一点 $A(x,y,z)$ 处的原岩应力为 σ_{ij}^0,σ_{ij}^0 为空间位置坐标 (x,y,z) 的函数。

采掘活动对原岩应力状态产生扰动,破坏了煤岩变形系统的静平衡状态。采掘过程中,随采掘活动的进行,部分煤岩体被采出,形成采掘空间(巷道、硐室、采空区等)和自由面。在采掘活动影响范围内的采掘空间周围的煤岩体(围岩)应力重新分布,变为 $\sigma_{ij}=\sigma_{ij}^0+\Delta\sigma_{ij}$,$\sigma_{ij}$ 称为采动应力,$\Delta\sigma_{ij}$ 为应力增量。应力增量 $\Delta\sigma_{ij}$ 为空间位置坐标 (x,y,z) 和时间 t 的函数,因此,采动应力 σ_{ij} 也是空间位置坐标(x,y,z)和时间t的函数。时间t与采掘进程相关。在采掘活动影响范围外,仍然为原岩应力σ_{ij}^0。

煤岩材料具有应变软化性质,在一定条件下可由稳定材料转化为非稳定材料。在采动应力σ_{ij}作用下,如果煤层变形系统中的煤岩体均处于弹性变形状态或应变硬化变形状态,则整个煤层变形系统由稳定材料组成,始终处于稳定平衡状态。

在采动应力σ_{ij}作用下,如果煤层变形系统中部分区域内的煤岩体处于应变软化变形状态,成为非稳定材料,而其他区域的煤岩体处于弹性变形状态或应变硬化变形状态,则整个煤岩变形系统将处于非稳定平衡状态。如果处于应变软化变形状态的由非稳定材料构成的煤岩体区域足够大,如遇外部扰动,煤岩变形系统的平衡状态将会丧失稳定性,瞬时释放大量变形能而产生突然剧烈破坏,并常伴有煤岩体抛出、巨响及气浪等现象,即发生冲击地压。这就是冲击地压失稳理论的基本内涵。

郐英楼等[116]认为顶板承受拉应力型冲击地压指顶板大面积悬空而发生的顶板突然断裂,显现位置一般在采空区中部或煤柱边缘附近。

潘一山等[121]指出顶板断裂型冲击地压的能量释放主体为顶板。当基本顶破裂时,瞬间释放大量能量,发生顶板断裂型冲击地压。认为顶板断裂型冲击地压由顶板岩石拉伸失稳而产生。

工程实践表明,顶板渐进变形静态破坏形式不会引起冲击地压,而顶板破裂突发动力失稳则会造成顶板大范围垮落,甚至引起冲击地压等动力灾害。顶板破裂后破断岩块的冲击作用是顶板断裂型冲击地压发生的前提,可在瞬间产生远大于岩块自重的冲击力,进而引发冲击地压。

显然,冲击地压发生的前提是顶板断裂而产生的岩块冲击作用,而顶板断裂是否由于局部拉应力达到抗拉强度而产生呢?认为"顶板断裂是由于局部拉应力达到抗拉强度而产生"的直接原因是岩石试件的单轴抗拉强度远低于单轴抗压强度。

本书认为,顶板岩层作为岩体的一种形式,不同于岩石试件。顶板岩层的变形破坏以剪切变形破坏为主,顶板断裂是由于局部剪应力达到抗剪强度而产生的。冲击地压由顶板岩层剪切失稳而产生。顶板的稳定性主要受剪应力控制,岩石微破裂的发生发展是剪切破裂的结果。在工作面推进等开采扰动下,微破裂不断增加、扩展、并合,形成宏观裂纹,发生剪切失稳破坏,顶板岩层突然错动,使得系统储存的剪切弹性能迅速释放而发生冲击地压。

顶板为冲击地压释放能量的主体,顶板破裂位置为冲击源,显现位置因地质条件和开采技术条件不同而有所不同,有时在采煤工作面后方采空区,有时在采煤工作面煤壁附近,有时在采煤工作面前方超前支承压力影响范围内的巷道围岩,有时在特殊地质构造(断层、褶曲轴部、煤岩层结构剧烈变化带等)影响区域。

关于冲击源的研究成果很少。广义的危险源指系统中具有潜在能量和物质释放危险的、可造成人员伤害、财产损失或环境破坏的,在一定的触发因素作用下可转化为事故的部位、区域、场所、空间、岗位、设备及其位置。其实质是具有潜在危险的源点或部位,是发生事故的源头。潘俊锋等[140-143]将广义危险源概念引入冲击地压监测中,给出了冲击地压危险源概念,通过微震、地音和采动应力监测技术应用效果的对比分析,提出冲击地压危险源的辨识是冲击地压防治的前提。冲击地压能量积聚至破坏启动的区域为冲击地压危险源,简称冲击源。冲击地压危险源具有触发因素、潜在危险性和发展趋势3个要素。由此确定了冲击地压危险源层次化辨识思路与地球物理辨识方法。根据重大危险源辨识的基本原理,可以建立冲击地压危险源辨识与分类分级体系。苏联的列赫维阿什维利[144]把冲击地压视为煤岩体应力变化速度超过其松弛速度的结果。煤岩体的瞬时突发性移动是其经受机械撞击所造成的。

冲击源或者存在于煤岩层的断裂面中,或者存在于煤岩层的断裂面交汇区或其附近。煤岩层的断裂面既可以是原生结构面,或者次生结构面,也可以是采掘过程中在采动应力作用下新生的断裂面。含断裂面的煤岩体,或被断裂面分隔的煤岩体,随采掘活动的进行,在采动应力作用下发生移动和变形。煤岩体移动或变形的方向是极其复杂的,既可能由未采动煤岩体向采空区方向变形移动,又可能由采空区向未采动岩体方向变形移动。煤岩体变形移动的速度也是极其复杂的,一般情况下变形移动是缓慢的,近似静态的,特殊情况下是猛烈的、动态的,带有冲击性、高速性和瞬时性。在煤岩体变形移动的影响下,未采动煤岩体中形成产生高应力集中区,成为冲击源。

煤岩体的变形移动是由于断裂面相对位移所致,而不是弹性膨胀所造成的。煤岩体的变形移动过程在冲击地压发生前一直在进行。煤岩体的变形移动具有突发性和瞬时性,煤岩体承受的并不是早期被压缩顶板岩石的弹性冲击,而是来自沿断裂面突然位移的机械冲击。

在煤岩试件三轴压缩试验中可以观察到,在试件破坏前突然解除围压,依据自发脆性破坏现象,外载波便会开始向试件深处传播。如果试件内部储存的弹性能足够大,则处在卸载端面的微小剪切裂隙变得不稳定,裂隙的活跃发展可导致试件的突然剧烈破坏,碎块迅速抛出,并伴有强烈声响。这种现象类似于在工作面推进过程中煤体被采出,直接顶垮落,对顶板的支承力被解除的实际情况。

同时,煤矿井下的扰动是经常出现的,如爆破振动等,这些扰动因素出现时,会造成上覆岩层对顶板的压力的改变,形成煤岩层的冲击。如果冲击速度足够大,则与上述情况类似,区别只是煤岩体中产生的不是卸载波而是压力波。

冲击源破碎岩块的大小与很多因素有关,其中冲击速度是重要影响因素。假设质量为 m,速度为 v 的岩体冲击能量达到足以破坏冲击源程度,冲击能量全部消耗于破坏该冲击源区域岩体上。冲击过程中初始冲击速度 v 最后降低为 $v_{\min}$,质量 m 增大到 $m+M$,则

$$\frac{mv^2}{2} = \frac{(m+M)v_{\min}^2}{2} = \frac{V\tau_s^2}{2G} \tag{3.57}$$

式中,τ_s 为冲击源煤岩体的剪切强度极限;G 为冲击源煤岩体的剪切弹性模量;V 为冲击源煤岩体的体积,$V = \dfrac{m_1}{\rho}$,其中 m_1 为冲击源煤岩体的质量,ρ 为冲击源煤岩体的密度。

由煤岩介质中弹力波的传播速度 $c = \sqrt{\dfrac{E}{\rho}}$,得最小冲击速度 $v_{\min}$ 为

$$v_{\min} = \frac{c\tau_s^2}{G}\sqrt{\frac{m_1}{m+M}} \tag{3.58}$$

基本顶作为冲击源,因受扰上覆岩层产生对顶板的突然加载,或者因工作面割煤产生对顶板的突然卸载,都会产生冲击作用。当冲击速度大于最小冲击速度 $v_{\min}$ 时,顶板的突然剧烈破坏是不可避免的。因此顶板成为冲击地压的冲击源。

冲击地压的显现位置和显现形式与地质条件和开采技术条件有关。

(1) 当冲击源包括的范围较大时,冲击地压的破坏区域也会较大,波及工作面及后方采空区、两侧巷道,甚至波及整个采场。

(2) 当冲击源包括的范围较小时,冲击地压的破坏区域也会较小,单独波及采煤工作面,或者单独波及工作面两侧巷道。

(3) 在特殊地质构造影响区域,可能诱发断层活化等,增大冲击地压的破坏程度和经济损失。

(4) 如果在冲击地压的影响区域内有井下人员作业,可能造成人员伤亡。

基本顶破裂时,由于受两巷边界实体煤的约束,不会立即下滑垮落,而是先在中部位置出现宏观裂纹。随工作面继续推进,裂纹沿弧形曲线扩展,形成 C 形板结构。当两巷边界实体煤的约束不足以维持某块 C 形板的平衡时,这块 C 形板将会下滑、旋转、垮落,同时影响邻近的 C 形板失稳。这种连锁反应可能影响到多块 C 形板,在极短时间内相继失稳,产生顶板冲击地压。

顶板冲击地压发生时,可能向工作面煤体、两巷煤体甚至超前工作面的巷道围岩,施加卸载波或加载波,造成煤体失稳,增加对采场的破坏程度。其波及范

围取决于同时失稳的 C 形板数量。

3.5 小结

通过建立圆形断面巷道-围岩-支护系统,得到了煤岩体压缩型冲击地压发生的临界条件,并对其主要影响因素进行了分析。通过建立煤层-采空区-顶底板系统,分别考虑煤体特性和水平地应力影响,得到了顶底板断裂型冲击地压发生的临界条件,并对其主要影响因素进行了分析。通过建立断层-煤柱系统,得到了断层错动型冲击地压发生的临界条件,并对其主要影响因素进行了分析。

通过对采煤工作面推进过程中顶板破裂特征,提出了顶板断裂的 C 形板模型,揭示了顶板断裂诱发冲击地压的剪切失稳机理,并进行了解析分析。

通过解析分析,明确了基本顶断裂是冲击地压发生的主要冲击源。基本顶作为冲击源,因受扰上覆岩层产生对顶板的突然加载,或者因工作面割煤产生对顶板的突然卸载,都会产生冲击作用。冲击地压的显现位置和显现形式与地质条件和开采技术条件有关。当冲击源包括的范围较大时,冲击地压的破坏区域也会较大,波及工作面及后方采空区、两侧巷道,甚至波及整个采场;当冲击源包括的范围较小时,冲击地压的破坏区域也会较小,单独波及采煤工作面,或者单独波及工作面两侧巷道;在特殊地质构造影响区域,可能诱发断层活化等,增大冲击地压的破坏程度和经济损失。

基本顶破裂时,由于受两巷边界实体煤的约束,不会立即下滑垮落,而是先在中部位置出现宏观裂纹。随着工作面继续推进,裂纹沿弧形曲线扩展,形成 C 形板结构。当两巷边界实体煤的约束不足以维持某块 C 形板的平衡时,这块 C 形板将会下滑、旋转、垮落,同时影响邻近的 C 形板失稳。这种连锁反应可能影响到多块 C 形板,在极短时间内相继失稳,产生顶板冲击地压。顶板冲击地压发生时,可能向工作面煤体、两巷煤体,甚至超前工作面的巷道围岩,施加卸载波或加载波,造成煤体失稳,增加对采场的破坏程度。其波及范围取决于同时失稳的 C 形板数量。

基于基本顶断裂是冲击地压发生的主要冲击源的结论,提出控制顶板断裂防治冲击地压的基本思想。由于充填体能够起到对顶板断裂的有效控制作用,所以充填开采是防治冲击地压的有效方法。本章的研究不仅使冲击地压发生理论的研究更加系统化,同时也为充填开采防治冲击地压研究奠定了理论基础。

4 冲击地压充填控制方法与充填材料研究

本章在对传统充填开采方法进行分析的基础上,结合冲击地压的基本类型与主要影响因素,提出针对不同类型冲击地压的充填开采方法。在对充填材料的力学性质进行分析的基础上,研制一种具有刚-柔耦合性能的混凝土充填体,并对其力学性质进行研究。

4.1 充填开采方法

充填开采法在非煤矿山应用较多,技术相对成熟,其成果能够为煤矿充填开采提供很好的借鉴。煤矿充填开采在德国与波兰应用较多。波兰采用水砂充填条带采煤法,成功开采了多座城市下的煤炭资源。

20 世纪 60 年代,抚顺胜利矿采用水砂充填长壁采煤法成功开采了工厂下保护煤柱。80 年代初,国外发展了膏体充填技术,之后在我国甘肃金川镍矿进行了推广应用。80 年代后期,抚顺矿务局成功采用了离层注浆技术减缓地表下沉。70 年代至 80 年代,胶结材料充填、膏体材料充填、高水速凝材料固结充填等技术相继试验成功,并开始在煤矿推广使用。

煤矿充填开采技术可分为传统工艺与现代技术。传统充填工艺主要有水力充填、风力充填、粉煤灰充填、矸石自溜充填、矸石带状充填等。现代技术有注浆胶结充填、(似)膏体充填、(超)高水材料充填。按充填动力分为:水力充填、风力充填、机械充填和自溜充填。

(1)水力充填:是应用水力将充填料浆输送到采空区,进行采空区充填的充填工艺。20 世纪 60 年代,我国抚顺胜利矿应用上行水砂充填长壁采煤法成功地开采了工厂地带保护煤柱。由于水砂充填开采工艺复杂,成本高,在我国煤矿开采领域没有得到广泛推广应用。

(2)风力充填:是采用风压将充填材料输送到井下储料间,经过输送机输送到充填设备处,利用风压将充填材料输送到采空区进行充填作业。

(3)机械充填:是通过机械设备将充填材料输送到采空区进行充填的充填方法,地下采矿中将已输送到采空区附近区域的干式充填材料或者混凝土胶结材料采用机械堆放或输送到采空区。

(4)自溜充填:采用单轨吊车等运输工具把矸石由掘进作业区直接运输到

采空区。当煤层倾角相对较大时,矸石自溜进入采空区进行充填。

按充填材料分为:水砂充填、矸石充填、膏体充填、似膏体充填和超高水材料充填。

（1）水砂充填:以碎石、尾砂等组成的集合物为充填材料制成低浓度砂浆,并采用碎石水力充填。

（2）矸石充填:通过矸石充填设备利用煤矸石充填巷道或采空区,使工作面后方采空区顶底板运动得到有效控制,抑制地面塌陷,从而提高煤炭资源回收率,综合利用煤矸石。

（3）膏体充填:是在煤层开采后顶板没有垮落之前,及时将煤矸石、粉煤灰等固体废弃物制作成不需脱水、无临界流速的膏状体,采用泵压或重力作用,流经过管道输送到工作面,对采空区进行充填。

（4）似膏体充填:利用全砂土固结材料（选用工业废渣、天然矿物、化学激发剂制成的一种粉状物料）作胶凝材料,工业垃圾或河砂等作为骨料,骨料中采用细粒级砂制作成近似膏体状浆体进行充填。

（5）超高水材料充填:采用高水速凝充填材料（材料掺水量较高,可达95%以上）通过水力泵送、挂包进行采空区充填。

按充填位置分为:采空区充填、冒落区充填和离层区充填。

（1）采空区充填:采用机械成套设备对工作面后方采空区进行充填。

（2）冒落区充填:煤层回采后引起上覆岩体大范围垮落掉落,产生垮冒落空间,采用充填设备将充填浆液排入垮落区的方法。

（3）离层区充填:离层注浆是在一定的地质条件下,采空区跨过一定尺寸后,采空区上覆岩层断裂带与弯曲下沉岩层之间出现离层,采用地表打钻,通过钻孔向离层区内注入充填材料的方法,使离层区充实,并在岩层中形成支撑结构,控制覆岩下沉,从而达到控制减缓地表下沉的目的。

按充填工艺分为:开放式充填、袋式充填、混合式充填及分段阻隔式充填。

（1）开放式充填:仰斜式开采工作面,对后方采空区不做任何人工调控,具有充填工艺简单,产量不受工艺的影响,整个过程充填速度快、安全可靠,人员工作量小,便于管理的特点;但是当采高大,煤层倾角小时,容易造成充填压实率低,矿井水容易影响充填效果。

（2）袋式充填:采用人工灌装充填袋的方式,预先装入充填袋内,采用人工堆砌的方式控制上覆顶板活动,具有适用性强的特点,对大多数采煤方法与采空区充填区域适应范围广,能够根据实际工作需要进行调节,人工干预性强的特点,但是工作量强度大,安全管理要求高。

（3）混合式充填:将袋式充填与开放式充填结合使用,尤其适合沿空留巷,能够提高充填效率,降低整体充填成本,但是劳动强度大,对工作做接续问题提出严格要求。

(4) 分段阻隔式充填:煤层采出后,在后方采空区设置一段充填阻隔墙体,在阻隔墙体中间浇筑充填材料,具有劳动强度小,充填效果好的特点,但是容易产生安全隐患,必须采用专门的支架与支柱进行配合。

通过第 2 章的研究,冲击地压主要分为煤岩体压缩型冲击地压、顶底板断裂型冲击地压、断层错动型冲击地压等三种基本类型。煤岩体压缩型冲击地压的主要影响因素包括巷道围岩、工作面附近煤岩体的力学性质以及支护因素等,顶底板断裂型冲击地压的主要影响因素包括顶板岩层和煤层的力学性质以及采空区宽度等,断层错动型冲击地压的主要影响因素包括断层煤柱的留设以及断层带介质的力学性质等。

充填开采欲达到有效防治冲击地压的目的,就要针对不同类型冲击地压的发生条件及其主要影响因素,选择合理的充填开采方法。

4.2　煤岩体压缩型冲击地压的充填控制方法

煤岩体压缩型冲击地压主要发生在巷道围岩、煤柱、采掘工作面等位置,煤岩体主要发生压缩变形。

4.2.1　无充填时

无充填时,以压缩煤岩体为主建立的煤岩动力系统,除煤岩体子系统外,还包括支护子系统。系统的状态变量为煤岩体的位移、支护体系的位移,以煤岩体和支护的变形量描述,以压缩变形为主要变形形式。系统的控制变量为煤岩体的刚度、支护体系的刚度,以及系统整体刚度,以煤岩体和支护的材料模型和结构模式来描述。系统边界为包围震源和显现点在内的受影响范围的封闭曲面。系统的扰动变量为采掘活动产生的施加于该系统的广义力,包括载荷增量和位移增量。系统的响应变量为描述系统平衡状态和结构形式变化等动力现象的特征量。无充填时,煤岩体压缩型冲击地压在孕育过程中,煤岩体与支护体产生压缩变形,积聚压缩变形能,并在子系统中不断累积、传播、转移、耗散。如果逐渐远离临界平衡状态,则系统稳定度增加,发生冲击地压的可能性降低;如果逐渐趋近临界平衡状态,则系统稳定度降低,发生冲击地压的可能性增加。当系统处于临界平衡状态时,如果遇外部扰动,煤岩子系统释放大量压缩变形能,系统将会失稳,发生冲击地压。在无充填、忽略惯性和阻尼的条件下,建立煤岩体-支护动力系统,包含煤岩体子系统 1、支护体子系统 2。

系统的状态变量为煤岩体位移 u_1、支护体位移 u_2。系统的控制变量为煤岩体刚度 K_1、支护体刚度 K_2。煤岩体子系统 1 的载荷为 P_1，支护子系统 2 的载荷为 P_2，得

$$\begin{bmatrix} K_1 & -K_1 \\ -K_1 & K_1+K_2 \end{bmatrix} \begin{Bmatrix} u_1 \\ u_2 \end{Bmatrix} = \begin{Bmatrix} P_1 \\ P_2 \end{Bmatrix} \tag{4.1}$$

当满足 $\det[\boldsymbol{K}-\lambda\boldsymbol{I}]=0$（特征值 $\lambda>0$）时，系统处于临界状态，在外界扰动下煤岩体-支护动力系统会失稳，发生煤岩体压缩型冲击地压。如果 $[\boldsymbol{K}]$ 是正定的，则系统是稳定的，子系统也是稳定的，不破坏或属于强度问题的稳定破坏。如果 $[\boldsymbol{K}]$ 是非正定的，则煤岩体-支护动力系统失稳。如果 $K_1 \leqslant 0$，则子系统 1 失稳，发生煤岩体压缩型冲击地压。如果仅 $K_1+K_2 \leqslant 0$，则系统 1 或系统 2 失稳，发生煤体压缩型冲击地压或支护系统失稳诱发煤体压缩型冲击地压。

可见，无充填时，煤岩体压缩型冲击地压是否发生主要取决于煤岩体刚度 K_1，且 $K_1 \leqslant 0$ 或 $K_1 \leqslant -K_2$ 时，才能满足失稳条件，发生煤岩体压缩型冲击地压。因此，要求煤岩体处于塑性软化变形状态。

4.2.2 充填开采时

充填开采时，以压缩煤岩体为主建立的煤岩动力系统，除煤岩体子系统、支护子系统外，还包括充填体子系统。系统的状态变量为煤岩体的位移、支护体系的位移、充填体的位移，以煤岩体、支护和充填体的变形量描述，以压缩变形为主要变形形式。系统的控制变量为煤岩体的刚度、支护体系的刚度和充填体的刚度，以及系统整体刚度，以煤岩体、支护和充填体的材料模型和结构模式来描述。系统边界为包围震源和显现点在内的受影响范围的封闭曲面。系统的扰动变量为采掘活动产生的施加于该系统的广义力，包括载荷增量和位移增量。系统的响应变量为描述系统平衡状态和结构形式变化等动力现象的特征量。

充填开采时，煤岩体压缩型冲击地压在孕育过程中，煤岩体、支护体与充填体产生压缩变形，积聚压缩变形能，并在子系统中不断累积、传播、转移、耗散。如果逐渐远离临界平衡状态，则系统稳定度增加，发生冲击地压的可能性降低；如果逐渐趋近临界平衡状态，则系统稳定度降低，发生冲击地压的可能性增加。当系统处于临界平衡状态时，如果遇外部扰动，煤岩子系统释放大量压缩变形能，系统将会失稳，发生冲击地压。在充填开采、忽略惯性和阻尼的条件下，建立煤岩体-支护-充填体动力系统，包含煤岩体子系统 1、支护体子系统 2、充填体子系统 3。系统的状态变量为煤岩体位移 u_1、支护体位移 u_2、充填体位移 u_3。系统的控制变量为煤岩体刚度 K_1、支护体刚度 K_2、充填体刚度 K_3。煤岩体子系统 1 的载荷为 P_1，支护子系统 2 的载荷为 P_2，充填子系统 3 的载荷为 P_3，得

$$\begin{bmatrix} K_1 & -K_1 & 0 \\ -K_1 & K_1+K_2 & -K_2 \\ 0 & -K_2 & K_2+K_3 \end{bmatrix} \begin{Bmatrix} u_1 \\ u_2 \\ u_3 \end{Bmatrix} = \begin{Bmatrix} P_1 \\ P_2 \\ P_3 \end{Bmatrix} \tag{4.2}$$

当满足 $\det[\boldsymbol{K}-\lambda\boldsymbol{I}]=0$(特征值 $\lambda>0$)时,系统处于临界状态,在外界扰动下煤岩体-支护-充填体动力系统会失稳,发生煤岩体压缩型冲击地压。如果 $[\boldsymbol{K}]$ 是正定的,则系统是稳定的,子系统也是稳定的,不破坏或属于强度问题的稳定破坏。如果 $[\boldsymbol{K}]$ 是非正定的,则煤岩体-支护-充填体动力系统失稳。如果 $K_1 \leqslant 0$,则子系统 1 失稳,发生煤岩体压缩型冲击地压。如果仅 $K_1+K_2 \leqslant 0$,则系统 1 或系统 2 失稳,发生煤体压缩型冲击地压或支护系统失稳诱发煤体压缩型冲击地压。如果仅 $K_3+K_2 \leqslant 0$,则系统 3 或系统 2 失稳,充填体失稳诱发煤体压缩型冲击地压或支护系统失稳诱发煤体压缩型冲击地压。

4.2.3 圆形断面-围岩-支护系统

以圆形断面-围岩-支护系统为例,临界塑性区半径 ρ_{cro}、临界载荷 p_{acr} 分别为

$$\frac{\rho_{cro}}{a} = \sqrt{1+\frac{E}{\lambda}+(m-1)\frac{E}{\lambda}\frac{p_i}{\sigma_c}} \tag{4.3}$$

$$p_{acr} = \frac{\sigma_c}{m-1}\frac{\lambda}{E}\left\{\left[1+\frac{E}{\lambda}+(m-1)\frac{E}{\lambda}\frac{p_i}{\sigma_c}\right]^{\frac{m+1}{2}}-\left(1+\frac{\lambda}{E}\right)\right\} \tag{4.4}$$

式中,各变量的定义同前。系统的状态变量为巷道围岩的位移和支护体的位移,以径向位移 u、u_c 描述。系统控制变量为巷道围岩的刚度和支护体的刚度,巷道围岩的刚度以弹性模量 E 和降模量 λ 描述,支护体的刚度以 k_c 描述。充填开采时,为有效控制煤岩体压缩型冲击地压的发生,应控制巷道围岩塑性区的范围,减小塑性区的几何尺寸,使巷道围岩子系统的刚度满足满足 $K_1>0$,或 $K_1+K_2>0$。这就是选择合理充填开采方法之依据。

4.2.4 煤层-采空区-顶底板系统

以煤层-采空区-顶底板系统为例,采空区宽度 a 与塑性区宽度 x_p 的关系为

$$a = 2\left(\frac{f_6}{f_4}-d_3\right) \tag{4.5}$$

式中,$f_6(x)=ad_3x_p+ad_0+d_3-\dfrac{1}{a}+f_5f_2$,$f_5(x_p)=\left(1+\dfrac{\alpha}{\alpha_1}\right)\exp(\alpha_1x_p)-\left(1+\dfrac{\alpha}{\alpha_2}\right)\exp(\alpha_2x_p)$,$f_2(x_p)=\dfrac{1}{f_1}\left(d_3-\dfrac{1}{\alpha}+d_4x_p\right)$,$f_1(x_p)=(d_4+1)[\exp(\alpha_2x_p)-\exp(\alpha_1x_p)]$;$f_4(x_p)=-ad_3+f_5f_3+\left(1+\dfrac{\alpha}{\alpha_1}\right)\exp(\alpha_1x_p)$,

$$f_3(x_p) = \frac{1}{f_1}\left[(d_4+1)\exp(\alpha_1 x_p) - d_4\right];其他变量定义同前。$$

系统的状态变量为煤层的位移和顶板的位移，以 u、w 描述。系统控制变量为煤层的刚度和顶板的刚度，煤层的刚度以弹性模量 E 和降模量 λ 描述，顶板的刚度以 G 描述。

充填开采时，为有效控制煤岩体压缩型冲击地压的发生，应控制煤层塑性区的范围，减小塑性区的几何尺寸，使煤层子系统的刚度满足满足 $K_1 > 0$ 或 $K_1 + K_2 > 0$。这就是选择合理充填开采方法的依据。

4.2.5　防治煤岩体压缩型冲击地压的合理充填开采方法

根据以上分析，防治煤岩体压缩型冲击地压的合理充填开采方法如下：

（1）按充填位置分：采空区充填，低位顶板离层胶结充填，巷旁充填。

（2）按充填材料分：水砂充填，矸石充填，膏体充填，似膏体充填，超高水材料充填。

（3）按充填工艺分：开放式充填，分段阻隔式充填，混合式充填，袋式充填。

4.3　顶底板断裂型冲击地压的充填控制方法

4.3.1　无充填时

以顶板为主构建煤层-采空区-顶底板系统。除顶板子系统、煤体子系统、底板子系统外，还包括支护子系统。系统的状态变量为顶板位移、煤体位移、支护体系位移，以煤岩体和支护的变形量描述。顶板子系统和底板子系统以剪切变形为主要变形形式，以剪切破裂为主要破坏形式；煤体子系统和支护子系统以压缩变形为主要变形形式。系统控制变量为顶板刚度、底板刚度、煤体刚度、支护体刚度，以及系统的刚度，以顶底板岩体的材料模型、煤体和支护的材料模型和结构模式、整体结构模式来描述。系统边界为包围震源和显现点在内的受影响范围的封闭曲面。系统的扰动变量为采掘活动产生的施加于该系统的广义力，包括载荷增量和位移增量。系统的响应变量为描述系统平衡状态和结构形式变化等动力现象的特征量。

无充填时，顶底板断裂型冲击地压在孕育过程中，顶底板处于剪切变形状态、煤体与支护体处于压缩变形状态，积聚变形能，并在各子系统中不断累积、传播、转移、耗散。如果某一子系统逐渐远离临界平衡状态，则该子系统稳定度增加；如果某一子系统逐渐趋近临界平衡状态，则该子系统稳定度降低；当该子系统处于临界平衡状态时,如果遇外部扰动,该子系统将会失稳,进而可能诱发系统失稳,发生冲击地压。当煤体子系统首先失稳时,如果没有诱发顶板子系统或底板子系统失稳,则为煤体压缩型冲击地压。如果诱发顶板子系统或底板子系统失稳,则为顶底板断裂型冲击地压。如果诱发断层失稳,则为断层错动型冲击地压。当顶板子系统首先失稳时,则为顶板断裂型冲击地压。在无充填、忽略惯性和阻尼的条件下,建立采空区-煤层-顶底板动力系统,包含顶板子系统1、煤体子系统2、底板子系统3。状态变量为顶板位移 u_1、煤层位移 u_2、底板位移 u_3。控制变量为顶板刚度 K_1、煤层刚度 K_2、底板刚度 K_3。顶板子系统1的载荷为 P_1,煤层子系统2的载荷为 P_2,底板子系统3的载荷为 P_3,得

$$\begin{bmatrix} K_1 & -K_1 & 0 \\ -K_1 & K_2+K_1 & -K_2 \\ 0 & -K_2 & K_3+K_2 \end{bmatrix}\begin{Bmatrix} u_1 \\ u_2 \\ u_3 \end{Bmatrix}=\begin{Bmatrix} P_1 \\ P_2 \\ P_3 \end{Bmatrix} \tag{4.6}$$

当满足 $\det[\boldsymbol{K}-\lambda\boldsymbol{I}]=0$ 时,系统处于临界状态,在外界扰动下会失稳,发生冲击地压。如果 $[\boldsymbol{K}]$ 是正定的,则系统、子系统是稳定的,不破坏或属于强度问题的稳定破坏。如果 $[\boldsymbol{K}]$ 是非正定的,则失稳。如果 $K_1\leqslant0$,则子系统1失稳,发生顶板断裂型冲击地压。如果仅 $K_1+K_2\leqslant0$,则系统1或系统2失稳,发生顶板断裂型冲击地压或顶板断裂诱发煤体压缩型冲击地压。如果仅 $K_2+K_3\leqslant0$,则系统2或系统3失稳,发生底板断裂型冲击地压或底板断裂诱发煤体压缩型冲击地压。

4.3.2　充填开采时

在充填开采、忽略惯性和阻尼的条件下,建立煤层-顶板-充填体动力系统,包含顶板子系统1、煤层子系统2、充填体子系统3。系统的状态变量为顶板位移 u_1、煤层位移 u_2、充填体位移 u_3。系统的控制变量为顶板刚度 K_1、煤层刚度 K_2、充填体刚度 K_3。顶板子系统1的载荷为 P_1,煤层子系统2的载荷为 P_2,充填子系统3的载荷为 P_3,得

$$\begin{bmatrix} K_1 & -K_1 & 0 \\ -K_1 & K_2+K_1 & -K_2 \\ 0 & -K_2 & K_3+K_2 \end{bmatrix}\begin{Bmatrix} u_1 \\ u_2 \\ u_3 \end{Bmatrix}=\begin{Bmatrix} P_1 \\ P_2 \\ P_3 \end{Bmatrix} \tag{4.7}$$

当满足 $\det[\boldsymbol{K}-\lambda\boldsymbol{I}]=0$(特征值 $\lambda>0$)时,系统处于临界状态,在外界扰动下煤岩体-支护-充填体动力系统会失稳,发生煤岩体压缩型冲击地压。如果 $[\boldsymbol{K}]$ 是正定的,则系统是稳定的、子系统也是稳定的,不破坏或属于强度问题的稳定破坏。如果 $[\boldsymbol{K}]$ 是非正定的,则煤层-顶板-充填体动力系统失稳。如果 $K_1\leqslant0$,则子系统1失稳,发生顶板断裂型冲击地压。如果仅 $K_1+K_2\leqslant0$,则系统1或

系统 2 失稳,煤体失稳诱发顶板断裂型冲击地压或顶板失稳诱发煤体压缩型冲击地压。如果仅 $K_3 + K_2 \leqslant 0$,则系统 3 或系统 2 失稳,充填体失稳诱发煤体冲击或煤体失稳导致充填体失稳,进而诱发顶板断裂型冲击地压。

4.3.3 煤层-采空区-顶底板系统

以煤层-采空区-顶底板系统为例,系统的状态变量为煤层的位移和顶板的位移,以 u、w 描述。系统控制变量为煤层的刚度和顶板的刚度,煤层的刚度以弹性模量 E 和降模量 λ 描述,顶板的刚度以 G 描述。充填开采时,为有效控制顶板断裂型冲击地压的发生,应控制顶板的刚度,减小顶板下沉量,使顶板子系统的刚度满足满足 $K_1 > 0$ 或 $K_1 + K_2 > 0$。这就是选择合理充填开采方法的依据。

4.3.4 防治顶底板断裂型冲击地压的合理充填开采方法

根据以上分析,防治顶底板断裂型冲击地压的合理充填开采方法如下:
(1) 按充填位置分:采空区充填,低位顶板离层胶结充填。
(2) 按充填材料分:水砂充填,矸石充填,膏体充填,似膏体充填,超高水材料充填。
(3) 按充填工艺分:开放式充填,分段阻隔式充填,混合式充填。

4.4 断层错动型冲击地压的充填控制方法

4.4.1 无充填时

以断层保护煤柱为主构建煤岩动力系统。系统的状态变量为断层上下盘围岩位移、断层带介质位移,以断层上下盘围岩和断层带的变形量描述。断层以压剪变形为主要变形形式,以上下盘错动为主要破坏形式。系统的控制变量为断层上下盘围岩刚度、断层带材料刚度,以及系统的刚度,以断层上下盘围岩和断层带的材料模型和结构模式、整体结构模式来描述。系统边界为包围断层上下盘围岩和断层带在内的受影响范围的封闭曲面。系统的扰动变量为采掘活动产生的施加于该系统的广义力,包括载荷增量和位移增量。系统的响应变量为描述系统平衡状态和结构形式变化等动力现象的特征量。

无充填时,断层错动型冲击地压在孕育过程中,断层上下盘围岩和断层带介质产生压剪变形,积聚变形能,并在断层上下盘围岩子系统和断层带子系统中不断累积、传播、转移、耗散。如果逐渐远离临界平衡状态,则系统稳定度增加,发生冲击地压的可能性降低;如果逐渐趋近临界平衡状态,则系统稳定度降低,发生冲击地压的可能性增加。当系统处于临界平衡状态时,如果遇外部扰动,系统释放大量压剪变形能,系统将会失稳,发生冲击地压。

建立煤断层上盘-断层带-断层下盘动力系统,包含上盘子系统 1、断层带子系统 2、下盘子系统 3。状态变量为上盘位移 u_1、断层带位移 u_2、下盘位移 u_3。控制变量为上盘刚度 K_1、断层带刚度 K_2、下盘刚度 K_3。上盘子系统 1 的载荷为 P_1,断层带子系统 2 的载荷为 P_2,下盘子系统 3 的载荷为 P_3,得

$$[M]\{\ddot{u}\} + [D]\{\dot{u}\} + [K]\{u\} = \{P\} \tag{4.8}$$

式中,质量矩阵 $[M] = \begin{bmatrix} M_1 & 0 & 0 \\ 0 & M_2 & 0 \\ 0 & 0 & M_3 \end{bmatrix}$;刚度矩阵 $[K] =$

$\begin{bmatrix} K_1 & -K_1 & 0 \\ -K_1 & K_2+K_1 & -K_2 \\ 0 & -K_2 & K_3+K_2 \end{bmatrix}$;阻尼矩阵 $[D] = \begin{bmatrix} D_1 & 0 & 0 \\ 0 & D_2 & 0 \\ 0 & 0 & D_3 \end{bmatrix}$。

质量矩阵是正定的,如果阻尼矩阵是正定的,当满足 $\det[K-\lambda I]=0$ 时,系统处于临界状态,在外界扰动下会失稳,发生冲击地压。如果 $[K]$ 是正定的,则系统、子系统是稳定的,不破坏或属于强度问题的稳定破坏。如果 $[K]$ 是非正定的,则失稳。如果 $K_1 \leqslant 0$,则上盘子系统 1 失稳,发生上盘错动型冲击地压。如果仅 $K_1+K_2 \leqslant 0$,则上盘子系统 1 或断层带子系统 2 失稳,发生上盘错动型冲击地压或断层带失稳诱发上盘错动型冲击地压。如果仅 $K_2+K_3 \leqslant 0$,则断层带子系统 2 或下盘子系统 3 失稳,发生下盘错动型冲击地压或断层带失稳诱发下盘错动型冲击地压。如果阻尼矩阵是正定的,断层系统的稳定性由上下盘刚度和断层带刚度控制。如果阻尼矩阵是非正定的,则断层系统的稳定性还与阻尼系数有关,所以,控制变量既包括系统刚度,还包括阻尼系数。

4.4.2　充填开采时

在充填开采、忽略惯性和阻尼的条件下,建立断层-保护煤柱-顶板-充填体动力系统,包含断层子系统 1(包括上下盘与断层带介质)-保护煤柱子系统 2-顶板子系统 3-充填体子系统 4。系统的状态变量为断层位移 u_1、保护煤柱位移 u_2、顶板位移 u_3、充填体位移 u_4。系统的控制变量为断层刚度 K_1、保护煤柱刚度 K_2、顶板刚度 K_3、充填体刚度 K_4。断层子系统 1 的载荷为 P_1,保护煤柱子系统 2 的载荷为 P_2,顶板子系统 3 的载荷为 P_3,充填子系统 4 的载荷为 P_4,得

$$[K]\{u\} = \{P\} \tag{4.9}$$

当满足 $\det[K-\lambda I]=0$(特征值 $\lambda > 0$)时,系统处于临界平衡状态,在外部扰

动下失稳而发生断层错动型冲击地压。如果$[K]$是正定的,则系统是稳定的,子系统也是稳定的,不破坏或属于强度问题的稳定破坏。如果$[K]$是非正定的,则系统失稳。如果$K_1 \leqslant 0$,则子系统1失稳,发生断层错动型冲击地压。如果仅$K_1 + K_2 \leqslant 0$,则系统1或系统2失稳,断层失稳诱发保护煤柱失稳或保护煤柱失稳诱发断层失稳。如果仅$K_3 + K_2 \leqslant 0$,则系统3或系统2失稳,顶板失稳诱发保护煤柱失稳或保护煤柱失稳诱发顶板失稳。如果仅$K_3 + K_4 \leqslant 0$,则系统3或系统4失稳,充填体失稳诱发顶板失稳或顶板失稳诱发充填体失稳,进而诱发断层错动型冲击地压。

4.4.3　断层-保护煤柱-顶板-充填体系统

充填开采时,为有效控制顶板断裂型冲击地压的发生,应控制顶板的刚度和保护煤柱的刚度,减小顶板下沉量,设计合理的断层保护煤柱宽度,使断层子系统的刚度满足$K_1 > 0$或$K_1 + K_2 > 0$,使断层保护煤柱的刚度满足$K_3 + K_2 > 0$或$K_3 + K_4 > 0$。这就是选择合理充填开采方法的依据。

4.4.4　防治断层错动型冲击地压的合理充填开采方法

根据以上分析,防治断层错动型冲击地压的合理充填开采方法如下:

(1) 按充填位置分:采空区充填,低位顶板离层胶结充填。

(2) 按充填材料分:水砂充填,矸石充填,膏体充填,似膏体充填,超高水材料充填。

(3) 按充填工艺分:开放式充填,分段阻隔式充填,混合式充填。

总体来看,几乎所有的充填方法对防治冲击地压都有一定的效果,但不同充填开采方法的防冲效果有所不同。因此,从防冲角度出发,应用力学基本理论,开展充填开采防治冲击地压的理论与应用研究是十分必要的。

4.5　充填材料及其力学性质

不同充填方法防治不同类型冲击地压的实际效果体现在不同方面,如充填材料、充填工艺,其中充填材料是问题的关键。因此,本书对充填材料的力学性质进行实验研究。

采区充填的稳定性,充填的成败与充填体的组成及其强度密不可分,息息相关。强度过低,初撑力过小,变形速度过快等都会严重影响矿井生产,造成充填体在回采过程中过早地被压垮、压坏,难以成型,甚至造成安全隐患。为了研究充填体的支护性能,使其能够达到有效的防冲目的,本书结合现场调研的实际研究充填体的力学性能,对充填材料进行实验验证,以取得最优的配比参数。根据实际要求配比强度不小于矿用支护强度。本节在传统充填采煤方法研究的基础上,选择适合充填防冲的充填材料,并按照国家标准进行力学性能试验,得到不同充填材料力学参数,并进行单体、组合体性能对比。

充填材料主要由骨料、辅料、添加剂组成,除矸石及高强度固体建筑垃圾可单独做充填材料外,其他充填材料一般由两种或以上材料介质组成。

4.5.1 矸石充填材料

煤矸石作为回采剩余松散体,不同的级配构成对充填效果起着决定性作用,由于各个矿的煤层赋存条件与地质条件不同,其级配构成具有本质差别,自然状态下煤矸石的破碎属于碎石类,其颗粒具有粗大矸石含量过大与细小颗粒含量过低的特点,严重影响充填效果。矸石在压密过程中要经过破碎→压密→重新破碎→压实的逐渐递进过程,这其中致使粗大颗粒减少,细小颗粒比例上升,从而使矸石充填料级配逐渐趋于稳定,逐渐趋于最佳状态。刘建功和赵庆彪[145]对 6 类粒径矸石的力学性质进行了研究发现:矸石压实应力-应变曲线为非线性关系,矸石的应力随着应变的增加而增加,且斜率越来越大。当轴向应力较小时,岩石应变幅度较大;当轴向力较大时,岩石应变增幅趋向于变缓,此时矸石再压实已非常困难。相同应力情况下,矸石粒径较大者应变较大。孔隙率是煤矸石受力状态参考的一个重要力学参数,矸石破碎后会形成较大裂隙空间,随着压力的增加,空隙通过矸石颗粒的重排得以压缩和填实,所以当应力较小时压缩空间很大,应变率较大,随着应力的升高,孔隙率逐渐降低,轴向应力呈急速增长趋势,此时充填体在实际充填过程中对顶板起到急速增阻的作用。

4.5.2 矸石-粉煤灰固体混合材料

将煤矸石与粉煤灰固体充填料按一定比例混合,受充填材料的压实性与流动性的影响,其充填效果具有很大变化。充填材料压实度随着压实力的增加而减小,初始阶段由于材料存在大的松散度,在压缩过程中压实度变化迅速。压实力大小在 0~2.5 MPa 范围内压实度降低幅度最大,当轴向压力增加到 10 MPa时,压实度逐渐趋于稳定,最终形成稳定结构,压实度恒定[145]。充填材料的压实变形主要完成阶段为加载初期阶段,且周期较短。充填材料的变形量主要发生在加载阶段。

4.5.3 矸石-膏体充填材料

矸石-膏体充填材料是一种以煤矸石为主的浆体材料,无临界流速,不需脱水,其充填密实度高,需要与粉煤灰按一定比例配合。其充填的关键是在采空区形成以矸石膏体料的覆岩的覆岩支撑体。张新国等[32]进行了实验研究。通过单轴压缩性能力学试验,发现充填材料单轴抗压强度离散型较小,并且残余抗拉强度很小,矸石膏体实验室压缩率大约在 10% 左右。由应力应变曲线可以看出,充填体弹性变形能力较好,塑性变形能力相对较差;充填材料破坏之前变形极小,不超过 2%。

刘建功和越庆彪[145]通过对比试验发现:胶结材料早期强度反应十分明显,在用量为 60 kg/m³ 时,膏体 8 h 龄期强度便可以达到 0.22 MPa,采用同样配比同样时间的情况下,42.5 号普通硅酸盐水泥膏体材料没有强度,当增加到 150 kg/m³ 时,8 h 龄期膏体强度达到 1.27 MPa,而水泥膏体的强度仍没有,胶结用量为 60~150 kg/m³ 时,1 d 龄期此膏体强度为同等普通水泥膏体强度的 5~8 倍,3 d 龄期之后,其强度为普通水泥膏体的 2~3 倍,7 d 龄期强度值为同量水泥的 1 倍以上,胶结量用量越少,早期性能越明显。早期强度高对顶板及时提供初撑力,保护顶板的完整性具有重要意义。

4.5.4　超高水材料

超高水速凝固结充填(简称高水充填)是指采用水体积占 95% 以上,甚至高达 97% 的高水充填材料充填作业采空区,主要由 A、B 两种物料,两种物料中加入水的含量达到 8~11 倍。其中 A 料主要由铝土矿石膏炼制而成,加入复合超缓凝分散剂构成,B 料由石灰、石膏并加入复合速凝剂组成,两者采用一定比例混合使用,其强度大小根据料量比例进行调整。

超高水充填材料固结体的抗压强度随龄期的变化而变化,因为其中含水量特别高,还存在部分游离水,当置于空气中容易产生风化。

超高水充填材料固结体早期抗压强度特征非常明显,提供初期抗压强度速度快,7 d 后强度值增长缓慢,随着时间的增加,20 d 后超高水材料抗压强度处于稳定。早期强度受风化影响程度很小,4 d 开始强度有所下降,7 d 左右强度下降幅值增加。含水体积分别为 91%、92%、93% 时,抗压强度峰值出现在大约第三天左右,抗压强度值均大于 1 MPa,当 28 d 后抗压强度减小幅度大,强度大约为 0.2 MPa。含水量体积为 94%、95%、96% 时,抗压强度峰值出现在大约第二天,强度值小于 1 MPa,28 d 后抗压强度基本为 0 MPa。而含水量为 97% 时,抗压强度峰值出现在第一天,28 d 后抗压强度为 0 MPa。上述实验证明,超高水充填材料适用于井下充填,且必须充填密实,对地面环境不适用。

4.5.5　似膏体材料

似膏体充填材料是以煤矸石、粉煤灰等固体废弃物作为充填骨料,采用水泥作为充填胶凝材料,并加入相应的细粒级成分,制成质量浓度为75％左右,近似膏体的一种充填浆体材料。其强度略低于膏体充填强度,流动性略低于高水材料但高于膏体充填材料,井下实际生产不需要脱水处理,或者需要少量脱水处理。

似膏体充填主要以矸石为主料,由于自然状态下矸石破碎度较大,所以矸石需要进行破碎处理。为了提高输送质量浓度,降低管道的磨损程度,需要在材料中添加粉煤灰与复合减水剂。为了提高浆体早期的抗压强度,加快工作面的循环周期,需要加入水泥作为胶凝材料,并适当加入一部分早强剂。似膏体材料固结反应机理研究表明,其反应分为水泥水化期、水硬期、强度期。

4.6 防冲充填体的研制

针对充填防冲的要求,研制了一种以混凝土为主料的充填体,下端为具有合理配比强度的混凝土,上端为柔性材料,并对其力学性质进行实验研究。

影响充填体下端部混凝土配比强度的因素包括原材料的选取、水泥强度等级、试件成型条件、养护方式、坍落度、测试方法等,其中最重要的影响因素是原材料的选取。

4.6.1 原材料

(1) 水:基于矿井水的特殊构成考虑,混凝土中水的组分是影响试件的关键因素,本实验选取原始地下水作为实验材料,且符合《混凝土用水标准》(JGJ 63-2006)的要求。

(2) 水泥:水泥和水经过混合搅拌后发生化学反应,把惰性材料、胶凝材料和改性材料糅合到一块,由原来的流动体和具有可塑性的浆体经过一段时间后变为硬度强大的水泥块体。本实验最为关键的是是否选取优质的水泥,本书实验所用的水泥为阜新"阜鹰山"P·O 42.5普通硅酸盐水泥,强度等级为425R,3 d抗压强度达到10 MPa,28 d抗压强度达到30 MPa。主要组成成分如表4.1所示。

表 4.1 水泥组成成分

化学组分	SiO_2	Al_2O_3	Fe_2O_3	CaO	MgO	K_2O	TiO_2	SO_3	Na_2O
含量/％	3.5	32.0	5.7	54.5	1.0	0.3	0.1	1.1	1.3

(3) 河砂:做惰性材料的河砂其粒径较小,一般情况下不会考略其形状的影响,实验选取的河砂为阜蒙县河砂,含泥量小于3％,具体如图4.1所示。

（a）　　　　　　　　　　　（b）

图 4.1　配比材料
（a）河砂；（b）碎石

碎石实验选取相对饱满规则圆润的碎石，细针状、片状的碎石不仅容易增加骨料与骨料之间的间隙，同时容易在受压状态下发生折断破坏，碎石含量不超过 6%。

4.6.2　影响因素分析

（1）胶骨比：在水灰比与坍落度特定情况下，随着胶骨比的增大混凝土的强度变小。

（2）砂率：在其他条件均一定的情况下，存在特定合理的砂率值，使得混凝土强度值达到最高。

（3）水灰比：在理想状态下，随着水灰比的增加混凝土的强度逐渐降低，反之升高，如图 4.2 所示。实际情况下，当水灰比降低到一定值时，无论是手动振实还是机械振动捣实，混凝土内部密实度都不会提高，仍留有大量的空洞留在混凝土内部，此时混凝土和易性相对较差，造成混凝土强度急剧下降，如图 4.2 中虚线所示。

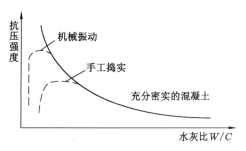

图 4.2　强度与水灰比关系曲线

（4）坍落度：坍落度较大时混凝土的强度相对较低，反之混凝土的强度相对较高。坍落度过大,容易出现离析泌水现象。测定坍落度的前提是混凝土要经过充分的振动捣实,否则严重影响坍落度的测量。对于普通混凝土而言坍落度过大过小均不予采纳。普通混凝土的塌落高度在 30～70 mm 为最适宜范围。具体测量装置如图 4.3 所示。

(a)   (b)

图 4.3　坍落筒与坍落度测试实验

4.6.3　混凝土配比设计

(1) 混凝土强度的确定

《普通混凝土配合比设计规程》(JGJ 55-2011)规定,混凝土设计强度等级小于 C60 时按照以下强度计算式确定:

$$f_{cu,0} \geqslant f_{cu,k} + 1.645\sigma \tag{4.10}$$

式中,$f_{cu,0}$ 为混凝土配比强度,MPa;$f_{cu,k}$ 为混凝土立方体抗压强度标准值,MPa;σ 为混凝土强度标准差,MPa。

强度标准差 σ 选值见表 4.2。

表 4.2　标准差 σ 值　　　　　　　　　　　　　　　单位:MPa

混凝土强度标准值	≤C20	C25～C45	C50～C55
σ	4.0	5.0	6.0

根据表格可得 C25 混凝土 σ 值取 5 MPa,结合公式可得:$f_{cu,0} \geqslant 25 + 1.645 \times 5 = 33.225$ MPa。由式(4.10)可知,C25 混凝土配置强度符合充填体支护强度要求。

(2) 水灰比的确定

根据行业标准规定,当强度小于 C60 时,按照以下公式进行计算:

$$\frac{W}{B} = \frac{\alpha_a f_b}{f_{cu,0} + \alpha_a f_b \alpha_b} \tag{4.11a}$$

$$f_b = \gamma_f \gamma_s f_{ce} \tag{4.11b}$$

$$f_{ce} = \gamma_c f_{ce,g} \tag{4.11c}$$

式中，W/B 为混凝土水灰比；α_a、α_b 为回归系数，α_a、α_b 分别取 0.53、0.20；f_b 为 28 d 胶凝材料抗压强度（MPa）；γ_f、γ_s 为粉煤灰与粒化高炉矿渣系数，本实验中均没有添加此材料，对此选取系数均为 1；f_{ce} 为混凝土 28 d 胶砂抗压强度；γ_c 为水泥强度等级值富余系数，取 1.12；$f_{ce,g}$ 为水泥强度等级，取 32.5 MPa。

（3）胶凝材料的用量确定

根据行业标准，每立方米混凝土中水泥用量（m_{c0}）计算式如下：

$$m_{c0} = \frac{m_{w0}}{W/B} \tag{4.12}$$

式中，m_{c0} 为每立方米混凝土试件水泥用量；m_{w0} 为每立方米混凝土中水的用量，kg/m³；W/B 为混凝土试件水灰比。

（4）砂率的确定

砂率由表 4.3 确定，选取 40%。

表 4.3　混凝土砂率　　　　　　　　　　　　单位：%

水灰比	卵石最大公称粒径/mm			碎石最大公称粒径/mm		
	10.0	20.0	40.0	16.0	20.0	40.0
0.40	26～32	25～31	24～30	30～35	29～34	27～32
0.50	30～35	29～34	28～33	33～38	32～37	30～35
0.60	33～38	32～37	31～36	36～41	35～40	33～38
0.70	36～41	35～40	34～39	39～44	38～43	36～41

（5）骨料的确定

根据《普通混凝土配合比设计规程》（JGJ 55-2011），粗、细料用量按式（4.13a）计算，砂率用式（4.13b）计算

$$m_{c0} + m_{g0} + m_{s0} + m_{w0} = m_{cp} \tag{4.13a}$$

$$\beta_s = \frac{m_{s0}}{m_{g0} + m_{s0}} \times 100\% \tag{4.13b}$$

式中，m_{g0} 为混凝土每立方米粗骨料用量，kg/m³；m_{s0} 为混凝土每立方米细骨料用量，kg/m³；m_{cp} 为每立方米混凝土拌合物的假定质量，kg，取 2 400 kg/m³；β_s 为砂率，%。

（6）基准配合比

根据以上计算,最终得出混凝土试件基准配合比:水泥:砂子:碎石:水=420:650:1 230:175。

(7) 配比的调整

根据以上计算得出基准配比,分别增减水灰比 5%,在此得到另外两个不同配合比表格,如表 4.4 所示。

表 4.4　不同水灰比的混凝土配比方案

编号	水灰比	砂率	坍落度/mm	水/kg	水泥/kg	河砂/kg	碎石/kg
1	45%	40%	59	175	467	689	1 034
2	50%	40%	56	175	420	650	1 230
3	55%	40%	48	175	382	723	1 085

4.7　混凝土的力学性质测试

4.7.1　制模过程

(1) 称量。采用计算完毕的配合比设计,将实验所需各种原材料一一称取待用。

(2) 搅拌。将已经称量完毕的原材料倒入混凝土搅拌机(图 4.4)中,干式搅拌 2 min,搅拌均匀。

图 4.4　HJW-60 搅拌机

(3) 加水搅拌。将已经称量完毕的水倒入混凝土搅拌机中,进行搅拌 2 min,搅拌均匀。

(4) 坍落度测试。在试验场地选取良好平整地面事先洒水湿润,当搅拌机停止工作时,取出混凝土胶状试样,共分三次均匀装入坍落筒中,每层捣实 25

次,捣实均匀,浇灌到坍落筒顶端时,混凝土必须高出装置筒口,待插捣结束后,将高出筒部多余部分均匀平整刮掉,使用抹刀抹平,然后将塌落筒沿竖向垂直地面提起,提离地面的时间为 6~10 s,然后立刻测量混凝土坍落高度,整个过程在 2 min 内完成。

(5)装膜。将磨具提前准备好,在磨具内侧涂上脱膜油,防止水泥胶结到磨具上,为后续脱模做好准备,当坍落度测试合格后,迅速将混凝土倒入磨具当中,放在振动台上振动 1 min 后抹平磨具上表面,制成标准试件——100 mm×100 mm×100 mm 混凝土试件,如图 4.5 所示。

图 4.5 制备试件

(6)标记。为了避免试件混淆,提前在磨具上标记日期。

4.7.2 养护方式

本试件制作时间处在夏季,为防止试件受高温条件的影响,采用定期洒水盖保湿塑料布进行养护,养护至达到养护规定时间后将试件取出。

4.7.3 测试方法

采用辽宁工程技术大学力学实验室电液压伺服试验机对试件进行力学性能测试,试验机轴向载荷最大为 6 000 kN,选取试件平整两面作为受压面,试件轴心与试验机压板中心在同一中轴线上,压力机压板采用球形连接轴链接保证受压面始终垂直,压板面积大于试件两个表面积,以此能够让整个试件受力均匀。当上压板即将接触试件时,调整试验机以恒定速度加载,直至将试件破坏,记录其受压载荷大小,计算其抗压强度:

$$f = \frac{P}{A} \tag{4.14}$$

式中,f 为试件轴心抗压强度,MPa;P 为极限载荷,N;A 为试件受载面积,mm^2。

图 4.6 所示为室内试验。将养护试件按照 1 d、3 d、7 d、28 d 四个龄期在伺服试验机上进行单轴压缩实验研究,为了保证实验结果的准确性,每个龄期的试件均不少于三块,每个不同配比的型号不少于三块,选取实验结果的均值作为记录值,以此选择最合适的充填体抗压强度与配比型号。

(a)　　　　　　　　　　　　　　　　(b)

图 4.6　室内试验

4.7.4　试验结果分析

4.7.4.1　水胶比对抗压强度的影响

图 4.7 为水胶比对混凝土试件的抗压强度的影响,从图中可以看出,材料的抗压强度受水胶比的影响十分明显,混凝土试件的抗压强度在 0.40∶1 之前随着水胶比的增大而增大,之后随着水胶比的增大而减小,且幅度呈线性降低。

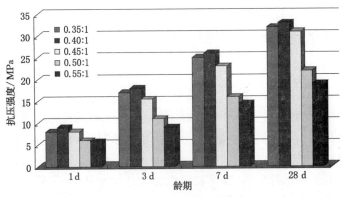

图 4.7　水胶比对材料抗压强度的影响

在如图 4.7 所示的五种比例中,水胶比为 0.40∶1 时,在不同龄期期间抗压强度均为大值,每一个龄期内抗压强度均随着水胶比的变化趋势相同,增减幅度有所不同。水胶比为0.40：1时，1 d的混凝土抗压强度能够达到8.9 MPa，28 d的抗压强度达到32.5 MPa。水胶比为0.50：1时抗压强度为20.5 MPa，此时的抗压强度比0.40：1时降低了12 MPa。在工程实际生产过程中水胶比不宜大于0.50：1，这个强度比往往不能满足生产要求，除了抗压强度过小之外，容易致使混凝土砌块产生裂缝造成破坏。在此选取水胶比为0.40：1。

4.7.4.2　砂率对混凝土抗压强度的影响

图4.8是砂率对混凝土试件的影响，可以看出砂率对早期抗压强度影响不明显，随着龄期的加长，砂率的增加，后期强度有增加的趋势，砂率为35％时抗压强度最高，后来随着砂率的增加抗压强度下降，但是递减趋势不是十分的明显，砂率达到40％时，混凝土试件的抗压强度仍大于30％时的抗压强度。在此选取砂率为35％。

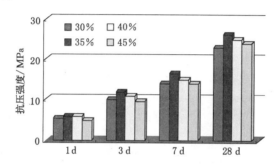

图4.8　砂率对混凝土试件抗压强度的影响

4.7.4.3　单轴压缩试验结果分析

根据载荷-位移曲线图绘制得到实验试件的应力-应变曲线（图4.9）。从实验结果可得，混凝土从受载开始直至完全破坏的过程共可以分为三个阶段：

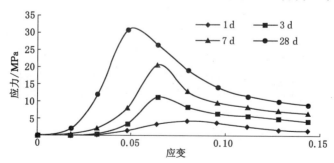

图4.9　不同龄期应力-应变曲线

第一阶段：压密阶段，应力较小时，$\sigma \leqslant (0.3 \sim 0.4) f_c$，微裂缝发展缓慢，此时在骨料与砂浆之间的结合面上或者结合面的某一些集中点上开始出现应力集中现象。随着应力集中的加剧,当结合面拉应力达到一定值时,超过了结合面的胶结强度,应力集中点出现开裂,产生微小裂缝,从而平衡应力集中,达到缓和的效果。应力不断加大,新的裂隙不断产生,此时分散的细小裂缝处于一个相对稳定的状态。

第二阶段:应力增加阶段,$(0.3\sim0.4)f_c\leqslant\sigma\leqslant(0.7\sim0.9)f_c$,随着载荷的不断加大,混凝土中的裂纹不断扩展,此时的裂缝仍然处于相对比较稳定的状态,不可恢复塑性形变持续加大,应力-应变曲线凹向应变轴,横向变形系数增加。

第三阶段:应力降低阶段,$(0.7\sim0.9)f_c\leqslant\sigma\leqslant f_c$,载荷持续增加,裂缝宽度加大,骨料与砂浆之间的裂缝加大贯通。此时应力即使不再持续增加,贯通裂缝已形成破碎面,当砂浆的强度小于骨料强度时,发生砂浆与骨料之间裂缝贯通,当砂浆的强度大于骨料之间的强度时,发生骨料自身破坏,形成骨料破碎贯通,混凝土试件被分割为若干个不规则柱状小体,混凝土试件的强度并未完全消失,但承载能力急剧下降,同时试件表面出现诸多不连续纵向裂缝,应力-应变曲线出现下降阶段,最后整个试件链接丧失,滑移面咬合承载力耗尽,整个试件破坏(图 4.10)。

(a)   (b)

图 4.10　混凝土试件破坏过程

对每一组不同龄期的抗压强度取平均值。实验试件出现三个相近值时取三个相近值的平均值;当有一个结果与其中两个结果相差较大时将此结果舍掉,取两个相近结果的平均值;当三个结果均出现差值较大时,具有很强离散型,词组数据不作为计算参考值。在此将 $1\sim28$ d 不同龄期的混凝土试件单轴抗压强度值的结果进行整理,如表 4.5 所示。

可以看出,1 d 的单轴抗压强度平均值为 5.03 MPa,3 d 的单轴抗压强度平均值为 11.40 MPa,7 d 的单轴抗压强度平均值为 17.67 MPa,28 d 的单轴抗压强度平均值为 27.67 MPa,每一组混凝土试件的单轴抗压强度均随着龄期的增长而增大,最大值达到 28.3 MPa。

表 4.5　不同龄期试件单轴抗压强度值

编号	抗压强度/MPa			
	1 d	3 d	7 d	28 d
1	5.3	12.5	18.5	28.3
2	5.1	11.5	17.3	27.5
3	4.7	10.2	17.2	27.2
强度平均值	5.03	11.4	17.67	27.67

刚性混凝土本身不具有冲击倾向性，能够提供高强度阻尼，对顶板的运动能够起到遏制作用。顶板运动后期，采空区端岩梁触矸压实，此时刚性混凝土与柔性体耦合支护作为刚性支护体作用于顶底板之间，根据集贤矿的实际条件最大抗压强度不小于 20 MPa。针对于此将不同惰性材料配比刚性混凝土进行了力学性能测试（图 4.11），随着惰性材料的添加最大抗压强度呈现递增趋势，残余强度随着惰性材料含量的增加而增高。

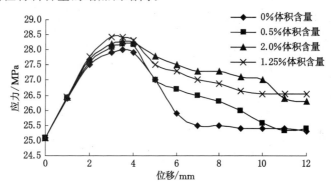

图 4.11　不同惰性材料配比刚性混凝土的应力-位移曲线图

研究发现刚性混凝土主要作用是：

（1）提供高强度支撑作用，防止顶底板运动收缩位移过大。

（2）为柔性充填体提供支护反力。

（3）能够适应两次顶板运动压力显现，能够承受顶板强烈震动并保持巷道及其围岩的稳定性。

当冲击地压发生时，冲击能转化为动能，动能经过煤岩体的传递作用，作用于刚性混凝土，刚性混凝土发挥高强度支护阻尼作用，作用于底板，保持自身稳定性，起到保护整体采面的稳定性。

4.8 柔性充填体力学性质测定

图 4.12 所示为柔性体压缩试验。参照《硬质泡沫塑料 压缩性能的测定》(GB/T 8813—2008/ISO 844:2004)标准执行,对聚氨酯硬质泡沫塑料力学性能进行试验测定,将试件制作成 100 mm×100 mm×100 mm 的立方体试样,标准规定受压面积为正方形,两平面的平行误差不应大于 1%,以试验标准为基准,应用辽宁工程技术大学力学实验室电液压伺服试验机对试件进行力学性能测试,试验机轴向载荷最大为 6 000 kN。参数如表 4.6 和表 4.7 所示。

图 4.12 柔性体压缩试验

表 4.6 反应参数

测试温度	25 ℃
反应开始时间/s	20±10
流动时间/s	90±30

表 4.6(续)

固化时间/s	150±30
膨胀倍数	1
最高反应温度/℃	100
最大黏结度/MPa	2.5
抗压强度/MPa	45
阻燃性及抗静电性能	符合 MT 113—1995 标准规定
有害物质限量	符合 GB 18583—2008 标准规定

表 4.7　加固吸能物理参数

	颜色	黏度/MPa·s	密度/g·cm⁻³
白料	无色(略显乳白)	350	1.5
黑料	深褐色	200	1.2

注:黏度和密度均在 25 ℃测试。

由图 4.13 不同配比的情况下,蓄热温度的变化,可以得出普通聚氨酯具有蓄热温度过高的缺点,能够产生 150 ℃,甚至 160 ℃的高温,给井下生产带来不必要的麻烦。自限温材料能够很好地避免这种事情的发生,温度降到 100 ℃左右,降低了约 60 ℃。整个配比折线显示,两种材料配比的不同对温度变化影响较小。

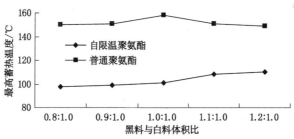

图 4.13　不同配比蓄热温度的变化

聚氨酯复合材料具有速凝性,流动性,能够达到很好的接顶效果,同时起到密封的作用。具体性质特点如下:

(1)自限温加固材料反应温度低,最高反应温度可降到 100 ℃左右。

(2)黏度低、渗透性好。

(3)强度高、塑性好,具有良好的黏结强度。

（4）阻燃性好，有良好的抗静电性和抗水解性。

（5）反应迅速、使用方便。

（6）能够适应干燥或潮湿的表面。

由三种不同矸石含量情况下柔性体的应力-应变曲线变化图（图 4.14）可知，随着矸石量的增加柔性体抗压强度降低，且极限强度与应变具有一定关系，矸石含量越大，出现极限抗压强度的应变值越大，具体如表 4.8 所示。

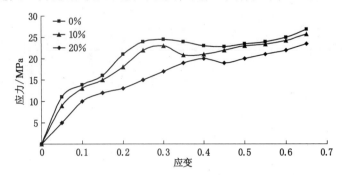

图 4.14　不同矸石含量柔性体的应力-应变曲线

表 4.8　极限抗压强度及其应变值

矸石含量	极限抗压强度/MPa	极限抗压强度应变值
0%	25	0.25
10%	24.3	0.3
20%	19.6	0.4

实验过程中，随着持续不断的压力施加，载荷不断加大，开始阶段应力呈近似直线上升，此时柔性体呈弹性状态，当应变值达到 0.05 时，曲线增加速度变缓，直至应变值为 0.3 左右时达到抗压强度最大值，之后随着载荷的继续施加，柔性体应力值趋于平稳状态，围绕极限强度值上下浮动，出现恒阻状态。当应变值达到 0.45 时应力出现上升趋势。

4.9　组合块体力学性质实验

基于深井覆岩运动理论结合巷道失稳破坏三种类型，要求充填体抗压强度要适应巷道围岩应力的变化，柔性充填体与刚性充填体协调变形，共同承担上覆岩层应力变化。顶板前期运动以旋转下沉为主，为保持直接顶自稳能力，充填体整体需要提供足够的支护阻力。柔性充填体上端部接顶紧密，顶板下沉后最先表现出承重状态,自身收缩变形,对顶板下沉适应,当收缩量达到一定值时,能够提供足够的切顶阻力,达到切顶效果。随着工作面的开采,冲击一旦发生,柔性充填体急剧收缩让位吸能,释放顶板冲击能,保护巷道围岩的完整性,达到防治冲击地压的目的。

将矸石-聚氨酯混合材料按照国家标准制作试件,放置于实验室液压伺服万能试验机进行单轴压缩实验(图 4.15),测其力学性能,得到试件力学性能曲线(图 4.16)。

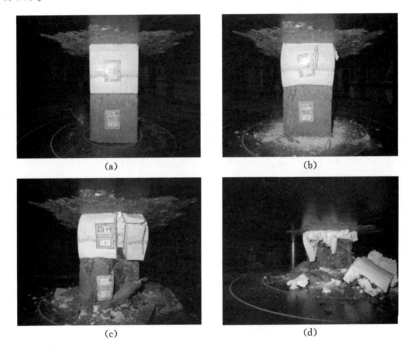

(a)　　　　　　　(b)

(c)　　　　　　　(d)

图 4.15　复合材料实验

从图中可以看出材料变化的非同步性。组合体在压力载荷作用下首先上部"柔"性充填体发生形变,此时应力急剧上升,"柔"性体出现四周凸起,发生弧形扩容变化,柔性体与刚性体接触面出现紧密压实,接触面由原来"直"形线演变为上凸"弧"形线,随着压力的增加,下方刚性体接触面的四个直角部位首先出现应力集中,由于柔性体有机材料的延展性,混凝土无机材料的塑性影响,柔性体没有发生破坏,混凝土试件直角部出现碎屑脱落。

随着压力的持续增加,此时上部柔性体继续发生形变,柔性体中间部位出现微小裂缝,由于材料本身具有阻燃性,在压力增加的过程中,试件表面出现水珠。有机材料具有既抗压又抗拉的性质,内部裂纹没有对整个受力体产生大的影响,

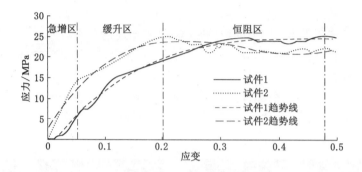

图 4.16　柔性充填体的应力-应变曲线

此时表现为压力缓慢增加,直至受载体出现小的贯通裂隙。

随着载荷持续施加,柔性体出现大的裂缝,柔性体四周发生开裂,混凝土试件竖向楞部均出现破坏,但混凝土试件内部没有破坏显现,形成柱状结构,整个受载体出现"钻顶"现象,下部刚性体钻入上部柔性体内部,上部柔性体将下部刚性体进行部分包裹。此时整个受载结构出现恒阻受力状态,直至整个上部柔性体压扁变形。

由图 4.16 得出柔性充填体具有很好的吸能效果,可以将整个曲线部分划分为三个区:急增区、缓升区、恒阻区。急增区曲线呈线性增加,斜率较大,可以看出开始阶段试件能够提供一定支撑阻力,矸石与聚氨酯材料之间黏聚力较大。聚氨酯材料具有一定的黏弹性,随着压力的增加,矸石与聚氨酯纤维之间的空隙逐渐压实,缓升区过程整个吸能材料表现出收缩变形,应力逐渐增大,最终达到峰值状态;达到峰值强度以后,试件变形进入恒阻区,此时整个试件的变化进入一个稳定吸能状态,应力值达到 25 MPa 左右,能够很好地让位、缓冲、吸能。

4.10　小结

煤矿充填开采可分为传统充填工艺和现代充填技术。传统充填工艺有水力充填采煤、粉煤灰充填采煤、风力充填采煤、矸石自溜充填采煤、矸石带状充填采煤等。现代充填技术有注浆胶结充填采煤、(似)膏体充填采煤、(超)高水材料充填采煤技术。

充填开采方法按充填动力分为:水力充填、风力充填、机械充填和自溜充填;按充填材料分为:水砂充填、矸石充填、膏体充填、似膏体充填和超高水材料充填;按充填量充填分为:全部充填和部分充填;按充填位置分为:采空区充填、冒落区充填和离层区充填;按充填工艺分为:开放式充填、袋式充填、混合式充填及分段阻隔式充填。

　　几乎所有的充填方法对防治冲击地压都有一定的效果,但不同充填开采方法的防冲效果有所不同。按充填位置有如下分类:防治顶底板断裂型冲击地压的充填方法有采空区充填、低位顶板离层胶结充填;防治煤岩体压缩型冲击地压的充填方法有采空区充填、低位顶板离层胶结充填、巷旁充填;防治断层错动型冲击地压的充填方法有采空区充填、低位顶板离层胶结充填。按充填材料有如下分类:防治顶底板断裂型冲击地压的充填方法有水砂充填、矸石充填、膏体充填、似膏体充填、超高水材料充填;防治煤岩体压缩型冲击地压的充填方法有水砂充填、矸石充填、膏体充填、似膏体充填、超高水材料充填;防治断层错动型冲击地压的充填方法有水砂充填、矸石充填、膏体充填、似膏体充填、超高水材料充填。按充填工艺有如下分类:防治顶底板断裂型冲击地压的充填方法有开放式充填、分段阻隔式充填、混合式充填;防治煤岩体压缩型冲击地压的充填方法有开放式充填、分段阻隔式充填、混合式充填、袋式充填;防治断层错动型冲击地压的充填方法有开放式充填、分段阻隔式充填、混合式充填。

　　矸石材料力学性质的主要影响因素为矸石粒径和孔隙率。矸石-粉煤灰固体混合材料的压实度随压实力的增加而减小。矸石-膏体充填材料弹性变形能力较好,塑性变形能力相对较差。超高水材料固结体的早期抗压强度特征非常明显,20 d后抗压强度处于稳定。似膏体材料充填材料中骨料粒径尺寸适当增大,既可以增加形成固体充填体的强度,又能增加流动性。

　　研制出一种具有刚-柔耦合性能的混凝土充填体,下端为混凝土刚性材料,上端为柔性材料。组合体在压性载荷作用下首先上部"柔"性充填体发生形变,应力急剧上升,"柔"性体出现四周凸起,发生弧形扩容变化,柔性体与刚性体接触面出现紧密压实,接触面由原来"直"形线演变为上凸"弧"形线,随着压力的增加,下方刚性体接触面的四个直角部位出现应力集中,随着压力的持续增加,柔性体中间部位出现微小裂缝。柔性充填体与下方刚性体块协调变形,共同承担上覆岩层应力,在高速冲击载荷的作用下,要求柔性充填体表现出较大的压缩变形,提供较大压缩行程,在冲击地压发生时让位、缓冲、吸能。柔性充填体有效吸收冲击能量。柔性充填体在压缩变形提供强支护的情况下进一步压缩变形密实,与破断顶板协调作用于刚性混凝土,充填体支护结构作为巷旁支护体,在顶板运动前期能够提供一定的初撑力,切断外部采空区顶板岩梁,起到切顶断梁的作用;同时具有让位可缩性,允许上覆顶板岩层产生一定位移,释放顶板初期弹性能。在后期支护过程当中,基本顶发生断裂弹性能瞬间释放转化为岩层移动动能,通过铰接岩块传递作用,作用于巷道与围岩,此时柔性充填体瞬间收缩吸能,吸收顶板运动产生的动能,达到防治冲击地压的效果。

5　充填开采条件下井下煤岩体冲击地压研究

第 3 章对无充填时不同类型的冲击地压发生条件进行了解析分析,揭示了冲击地压发生的剪切失稳机理。第 4 章提出了防治不同类型冲击地压的充填开采方法,研究了防治冲击地压的充填体材料及其力学性质。这些研究成果为充填开采时井下煤岩体冲击地压研究奠定了基础。本章在前两章研究的基础上,分别针对采空区充填和沿空留巷巷旁充填防治不同类型冲击地压进行研究,为煤矿现场充填防冲实践提供理论依据。

5.1　采空区充填采场变形与应力分析

假设一水平煤层,厚度为 h。煤层埋深为 H_0,原岩应力 $p_0 = \bar{\gamma} H_0$,$\bar{\gamma}$ 为上覆岩层平均容重。假设煤层及其顶底板岩层均为均匀、连续的各向同性材料,不考虑流变特性影响。假设底板不变形,为刚性底板。

设采空区宽度为 a。采用采空区全部充填方法。取单位长度按平面应变问题进行计算,建立平面直角坐标系 $o\text{-}xz$(图 5.1)。

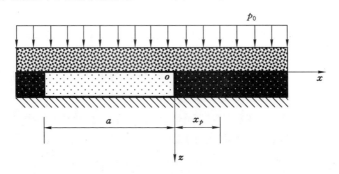

图 5.1　采空区充填分析模型

煤层及其顶板条件同前,相关变量定义同前。

在载荷 p_0 作用下,顶板发生剪切变形,产生下沉量,对煤层和充填体产生压缩作用,煤层和充填体产生压缩变形。在载荷 p_0 一定的条件下,充填体附近的煤层产生塑性变形(简称 P 区),距离充填体较远的煤层产生弹性变形(简称 E区)。在采空区宽度较小时,充填体产生弹性变形(简称 CE 区);随着采空区宽度的增大,充填体中间部位一定范围的区域出现塑性变形(简称 CP 区),煤壁附近的区域仍然处于弹性变形状态(简称 CE 区);随着采空区宽度的继续增大,充填体塑性变形区(CP 区)不断增大。

5.1.1　充填体弹性变形

设顶板厚度为 H,顶板剪切模量为 G,$K=GH$。

5.1.1.1　煤层 E 区:$x \geqslant x_p$

设煤层厚度为 h,煤层弹性模量为 E,煤层泊松比为 μ;$E' = \dfrac{E}{1-\mu^2}$,$\mu' = \dfrac{\mu}{1-\mu}$,$E_1 = \dfrac{E'}{1-\mu'^2}$。假设 E 区煤层与顶底板间无相对滑动,$\mu \equiv 0$,$\tau_w < f\sigma_z$。在 $x \to \infty$ 处,$\dfrac{\mathrm{d}w}{\mathrm{d}x}=0$。则由基本方程得

$$\sigma_z = C_1^e \exp(-\alpha x) + p_0 \tag{5.1a}$$

$$\sigma_x = \mu'[C_1^e \exp(-\alpha x) + p_0] \tag{5.1b}$$

$$Kw = \frac{1}{\alpha^2}[C_1^e \exp(-\alpha x) + p_0] \tag{5.1c}$$

$$K\frac{\mathrm{d}w}{\mathrm{d}x} = \frac{1}{\alpha}C_1^e \exp(-\alpha x) \tag{5.1d}$$

式中,C_1^e 为积分常数;$\alpha = \sqrt{\dfrac{E_1}{Kh}}$。

在 $x = \infty$ 处:$\sigma_{z\infty} = p_0$ 为开挖前初始垂直应力;$\sigma_{x\infty} = p_0\mu'$ 为开挖前初始水平应力,μ' 为水平应力系数;$W_\infty = \dfrac{p_0}{K\alpha^2}$ 为开挖前顶板初始下沉量;$Q_\infty = 0$,$w'_\infty = 0$。

在 $x = x_p$ 处

$$\sigma_{xp} = \mu'[C_1^e \exp(-\alpha x_p) + p_0] \tag{5.2a}$$

$$Kw_p = \frac{1}{\alpha^2}[C_1^e \exp(-\alpha x_p) + p_0] \tag{5.2b}$$

$$Kw'_p = -\frac{1}{\alpha}C_1^e \exp(-\alpha x_p) \tag{5.2c}$$

5.1.1.2　煤层 P 区:$0 \leqslant x \leqslant x_p$

设煤层降模量为 λ,模量比为 E/λ,煤层黏聚力为 C,煤层内摩擦角为 φ;$m = \dfrac{1+\sin\varphi}{1-\sin\varphi}$;单轴抗压强度 $\sigma_c = \dfrac{2C\cos\varphi}{1-\sin\varphi}$,对应的应变为 ε_c;$d_1 = \left(1+\dfrac{\lambda}{E}\right)\sigma_c$;$d_2 = \dfrac{2\lambda}{\sqrt{3}h}$。假设 P 区煤层与顶底板间有相对滑动,煤层与顶底板间的摩擦系数为 f。

则由基本方程得

$$\sigma_z = C_1^e \exp(\alpha_1 x) + C_2^p \exp(\alpha_2 x) + p_0 \tag{5.3a}$$

$$\sigma_x = \frac{2f}{h}\Big[\frac{C_1^p}{\alpha_1}\exp(\alpha_1 x) + \frac{C_2^p}{\alpha_2}\exp(\alpha_1 x) + p_0 x + C_3^p\Big] \tag{5.3b}$$

$$Kw = \frac{C_1^p}{\alpha_1^2}\exp(\alpha_1 x) + \frac{C_2^p}{\alpha_2^2}\exp(\alpha_2 x) + d_3(p_0 x + C_3^p) + d_0 p_0 \tag{5.3c}$$

$$K\frac{\mathrm{d}w}{\mathrm{d}x} = \frac{C_1^p}{\alpha_1}\exp(\alpha_1 x) + \frac{C_2^p}{\alpha_2}\exp(\alpha_2 x) + d_3 p_0 \tag{5.3d}$$

式中，C_1^p、C_2^p、C_3^p 为积分常数；$\left.\begin{array}{c}\alpha_1\\\alpha_2\end{array}\right\} = \frac{mf}{h}\left(1\pm\sqrt{1-\frac{d_2 h^2}{Km^2 f^2}}\right)$；$d_3 = \frac{1}{\alpha_1} + \frac{1}{\alpha_2}$；

$d_0 = \dfrac{\dfrac{d_1}{p_0}-1}{\alpha_1\alpha_2}$。

在 $x = x_p$ 处：$w = w_p, \frac{\mathrm{d}w}{\mathrm{d}x} = w'_p, \sigma_x = \sigma_{xp}$，得

$$C_1^e = -\Big[\frac{C_1^p}{\alpha_1}\exp(\alpha_1 x_p) + \frac{C_2^p}{\alpha_2}\exp(\alpha_2 x_p) + d_3 p_0\Big]\alpha\exp(-\alpha x_p) \tag{5.4a}$$

$$C_3^p = \frac{p_0}{d_4}\Big(\frac{1}{\alpha} - d_3\Big) - p_0 x_p - \Big(\frac{1}{d_4} + 1\Big)\Big[\frac{C_1^p}{\alpha_1}\exp(\alpha_1 x_p) + \frac{C_2^p}{\alpha_2}\exp(\alpha_2 x_p)\Big]$$
$$\tag{5.4b}$$

$$\frac{C_1^p}{\alpha_1}\exp(\alpha_1 x_p) = \frac{d_7 p_0}{d_6} - \Big(1 + \frac{d_5}{d_6}\Big)\frac{C_2^p}{\alpha_2}\exp(\alpha_2 x_p) \tag{5.4c}$$

式中，$d_4 = \frac{2f}{\alpha h\mu'}$；$d_5 = \frac{1}{\alpha_2} - \frac{1}{\alpha_1}$；$d_6 = \frac{1}{\alpha} - \frac{d_3}{d_4} - \frac{1}{\alpha_2}$；$d_7 = \frac{1}{\alpha^2} - d_0 - \frac{d_3}{\alpha} - \frac{d_3}{d_4}\Big(\frac{1}{\alpha} - d_3\Big)$。

在 $x = 0$ 处：$w = w_0, \frac{\mathrm{d}w}{\mathrm{d}x} = w'_0, \sigma_x = \sigma_{x0}$，得 $Kw_0 = \frac{C_1^p}{\alpha_1^2} + \frac{C_2^p}{\alpha_2^2} + d_3 C_3^p + d_0 p_0$；

$Kw'_0 = \frac{C_1^p}{\alpha_1} + \frac{C_2^p}{\alpha_2} + d_3 p_0, \sigma_{x0} = \frac{2f}{h}\Big(\frac{C_1^p}{\alpha_1} + \frac{C_2^p}{\alpha_2} + C_3^p\Big), \sigma_{x0}$ 为充填体对煤层的水平推力。结合式(5.3b)、式(5.3c)，得

$$\frac{C_1^p}{\alpha_1}\exp(\alpha_1 x_p) = F_3 p_0 \tag{5.5a}$$

$$\frac{C_2^p}{\alpha_1}\exp(\alpha_2 x_p) = F_2 p_0 \tag{5.5b}$$

$$C_3^p = F_4 p_0 \tag{5.5c}$$

$$Kw_0 = F_6 p_0 \tag{5.5d}$$

$$Kw'_0 = F_5 p_0 \tag{5.5e}$$

式中，$F_2 = \dfrac{1}{F_1}\left\{\dfrac{h\sigma_{x0}}{2fp_0} - \dfrac{1}{d_4}\left(\dfrac{1}{\alpha} - d_3\right) + x_p + \left[\dfrac{1}{d_4} + 1 \quad \exp(-\alpha_1 x_p)\right]\dfrac{d_7}{d_6}\right\}$，

$F_1 = \exp(-\alpha_2 x_p) - \left(1 + \dfrac{d_5}{d_6}\right)\exp(-\alpha_1 x_p) + \left(\dfrac{1}{d_4} + 1\right)\dfrac{d_5}{d_6}$；$F_3 = \dfrac{d_7}{d_6} - \left(1 + \dfrac{d_5}{d_6}\right)F_2$；

$F_4 = \dfrac{1}{d_4}\left(\dfrac{1}{\alpha} - d_3\right) - x_p - \left(\dfrac{1}{d_4} + 1\right)(F_3 + F_2)$；$F_5 = F_3\exp(-\alpha_1 x_p) +$

$F_2\exp(-\alpha_2 x_p) + d_3$；$F_6 = \dfrac{F_3}{\alpha_1}\exp(-\alpha_1 x_p) + \dfrac{F_2}{\alpha_2}\exp(-\alpha_2 x_p) + d_3 F_4 + d_0$。

5.1.1.3　充填体弹性变形 CE 区：$-\dfrac{a}{2} \leqslant x \leqslant 0$

设充填体的弹性模量为 E_c，弹性刚度系数 $K_c = \dfrac{E_c}{h}$；单轴抗压强度为 σ_α，对

应应变 $\varepsilon_\alpha = \dfrac{\sigma_\alpha}{E_c}$，$w_\alpha = h\varepsilon_\alpha$。则充填体弹性变形状态的载荷-位移关系为

$$\sigma_z = k_c w \tag{5.6}$$

由 $p(x) = \sigma_z$，得 $K\dfrac{\mathrm{d}^2 w}{\mathrm{d}x^2} = k_c w - p_0$，积分之，得

$$w = C_1^\alpha \exp(\beta_1 x) + C_2^\alpha \exp(-\beta_1 x) + \dfrac{p_0}{k_c} \tag{5.7a}$$

$$\dfrac{\mathrm{d}w}{\mathrm{d}x} = \beta_1\left[C_1^\alpha \exp(\beta_1 x) - C_2^\alpha \exp(-\beta_1 x)\right] \tag{5.7b}$$

式中，C_1^α，C_2^α 为积分常数；$\beta_1 = \sqrt{\dfrac{k_c}{k}}$。

在 $x = -\dfrac{a}{2}$ 处，$\dfrac{\mathrm{d}w}{\mathrm{d}x} = 0$，得 $C_1^\alpha = C_2^\alpha \exp(\beta_1 a)$。

5.1.1.4　充填区宽度与煤层塑性区宽度的关系

在 $x = 0$ 处，$w = w_0$，$\dfrac{\mathrm{d}w}{\mathrm{d}x} = w'_0$，得 $C_2^\alpha = \dfrac{F_5 p_0}{K\beta_1[\exp(\beta_1 a) - 1]}$。同时得到充填

区宽度 a 与煤层塑性区宽度的关系为

$$a = \dfrac{2}{\beta_1}\mathrm{arth}\dfrac{\beta_1 F_5}{\beta_1^2 F_6 - 1} \tag{5.8}$$

取顶板参数 $H = 10$ m，$G = 8$ GPa；煤层参数 $f = 0.4$，$h = 3$ m，$E = 2$ GPa，$\mu = 0.35$，$C = 3$ MPa，$\varphi = 30°$；充填体参数 $E_c = 0.3$ GPa，$\sigma_\alpha = 3$ MPa；充填体对煤层的水平推力 $\sigma_{x0} = 0.1p_0$。分别取 $p_0 = 5$ MPa、10 MPa、15 MPa，得 P 区宽度 x_p 与采空区宽度 a 的关系，如图 5.2 所示。

由图 5.2 可见：P 区宽度 x_p 随采空区宽度 a 的增大而增大。在载荷较小时（$p_0 = 5$ MPa），P 区宽度 x_p 随采空区宽度 a 的增大而缓慢增大，即使采空区宽度很大时 P 区宽度仍然很小。在载荷较大时（$p_0 = 15$ MPa），P 区宽度 x_p 随采

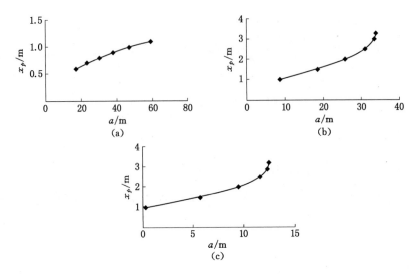

图 5.2　P 区宽度与采空区宽度的关系曲线

(a) $p_0 = 5$ MPa；(b) $p_0 = 10$ MPa；(c) $p_0 = 15$ MPa

空区宽度 a 的增大而快速增大，即使采空区宽度很小 P 区宽度已经很大。

与无充填相比，在载荷相同的条件下（$p_0 = 15$ MPa），随着采空区宽度的增大，P 区宽度增大较慢，并且其值也较小。分析其原因，由于充填体对顶板产生一定的垂直支承作用，对煤壁也具有一定的推力，产生约束作用，致使顶板下沉量减小，煤壁水平位移也减小，煤体垂直变形和水平变形均受到限制，因此采空区充填提高了顶板-煤体系统的稳定性。

5.1.1.5　充填体的弹性极限

顶板最大下沉量 w_m（充填体最大压缩量）的位置为充填区的中部，即 $x = -\dfrac{a}{2}$ 处，则

$$w_m = w\left(-\frac{a}{2}\right) = \left[\frac{F_5 \beta_1}{\mathrm{sh}(\beta_1 a/2)} + 1\right]\frac{p_0}{k_c} \tag{5.9}$$

当 $w_m = w_\alpha$ 时，充填体达到弹性极限，此时充填区宽度 a_α 与煤层塑性区宽度关系为

$$a_\alpha = \frac{2}{\beta_1} \mathrm{arsh} \frac{F_5 \beta_1}{\dfrac{k_c w_\alpha}{p_0} - 1} \tag{5.10}$$

联立式（5.8）、式（5.10），得充填体达到弹性极限时载荷、采空区宽度与煤层塑性区的关系

$$\text{arth} \frac{\beta_1 F_5}{\beta_1^2 F_6 - 1} = \text{arsh} \frac{F_5 \beta_1}{\dfrac{k_c w_{\alpha}}{p_0} - 1} \tag{5.11}$$

弹性极限载荷随着弹性极限采空区宽度的增大而减小,随着 P 区宽度的增大而增大(图 5.3,图 5.4)。

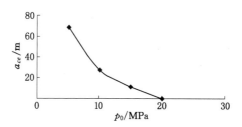

图 5.3　弹性极限采空区宽度与载荷的关系

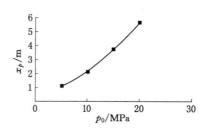

图 5.4　煤层弹性极限 P 区宽度与载荷的关系

弹性极限载荷存在一个上限值。当载荷大于此上限值时,弹性极限采空区宽度小于 0,煤层刚刚开采时,充填体即出现塑性变形区。

弹性极限载荷存在一个下限值。当载荷小于此下限值时,弹性极限采空区宽度出现减小趋势,煤层不存在塑性区,煤层与充填体均发生弹性变形。

5.1.1.6　充填体对煤壁的水平推力

在载荷一定($p_0 = 10$ MPa)、煤层 P 区宽度一定($x_p = 2$ m)的条件下,得到采空区宽度与充填体对煤壁推力的关系曲线,如图 5.5 所示。可见,采空区宽度随充填体对煤壁推力的增大而增大,因此推力越大煤体越稳定。充填体对煤壁推力的大小,一方面取决于充填体的侧向变形能力,即充填体的泊松比,充填体的泊松比越大,侧向变形能力越强,对煤壁的推力越大;另一方面取决于充填时间,充填时间越长,充填体的硬度越大,对煤壁的约束越强。

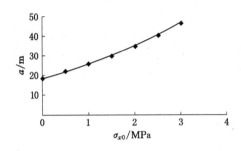

图 5.5 采空区宽度随充填体对煤壁推力的变化曲线

5.1.2 充填体弹塑性变形

当载荷大于弹性载荷或采空区宽度足够大时,在充填体中间部位一定范围的区域出现塑性变形(CP区)。随采空区宽度不断增大,充填体塑性变形区(CP区)不断增大,充填体弹性变形区(CE区)不断减小,直至充填体全部达到塑性变形状态。

设 CP 区宽度为 X_c,则 CP 区与 CE 区交界处的位置坐标为 $x=-x_c$,$x_c=\dfrac{a-x_c}{2}$。

煤层弹性变形区(E区,$x \geqslant x_p$)、煤层塑性变形区(P区,$0 \leqslant x \leqslant x_p$)、充填体弹性变形区(CE区,$-x_c \leqslant x \leqslant 0$)的应力与变形规律见式(5.1)~式(5.6)。

在 $x=0$ 处,$w=w_0$;$\dfrac{\mathrm{d}w}{\mathrm{d}x}=w'_0=\dfrac{F_5 p_0}{K}=\beta_1(C_1^{ce}-C_2^{ce})$,得

$$C_2^{ce} = \frac{p_0}{2k_c}(F_6\beta_1^2 - 1 - F_5\beta_1) \tag{5.12a}$$

$$C_2^{ce} = \frac{p_0}{2k_c}(F_6\beta_1^2 - 1 + F_5\beta_1) \tag{5.12b}$$

在 $x=-x_c$ 处,$\dfrac{\mathrm{d}w}{\mathrm{d}x}=w'_c$,得

$$w_{ce} = \frac{p_0}{2k_c}[F_7 \exp(-\beta_1 x_c) + F_8 \exp(\beta_1 x_c) + 2] \tag{5.12c}$$

$$w'_c = \frac{\beta_1 p_0}{2k_c}[F_7 \exp(-\beta_1 x_c) - F_8 \exp(\beta_1 x_c)] \tag{5.12d}$$

式中,$F_7 = F_6\beta_1^2 - 1 + F_5\beta_1$;$F_8 = F_6\beta_1^2 - 1 - F_5\beta_1$。

5.1.2.1 充填体塑性变形 CP 区:$-a/2 \leqslant x \leqslant -x_c$

设充填体的降模量为 λ_c,软化系数为 $k_{c1}=\dfrac{\lambda_c}{h}$,模量比为 E_c/λ_c。则充填体塑

性变形载荷-位移关系为

$$\sigma_z = \sigma_\alpha + k_{c1} w_\alpha - k_{c1} w \tag{5.13}$$

由 $p(x) = \sigma_z$，$K \dfrac{\mathrm{d}^2 w}{\mathrm{d} x^2} = \sigma_\alpha + k_{c1} w_\alpha - p_0 - k_{c1} w$，得

$$w = C_1^{cp} \sin(\beta_2 x) + C_2^{cp} \cos(\beta_2 x) + w_\alpha + \frac{\sigma_\alpha - p_0}{k_{c1}} \tag{5.14a}$$

$$\frac{\mathrm{d} w}{\mathrm{d} x} = \beta_2 \left[C_1^{cp} \cos(\beta_2 x) - C_2^{cp} \sin(\beta_2 x) \right] \tag{5.14b}$$

式中，C_1^{cp}，C_2^{cp} 为积分常数；$\beta_2 = \sqrt{\dfrac{k_{c1}}{K}}$。

在 $x = -a/2$ 处，$\dfrac{\mathrm{d} w}{\mathrm{d} x} = 0$，得 $C_1^{cp} = C_2^{cp} \tan\left(-\beta_2 \dfrac{a}{2}\right)$。

5.1.2.2 采空区宽度与煤层塑性区宽度 x_p、充填体塑性区宽度 X_c 的关系

由式(5.12a)，得

$$2k_c w_\alpha - p_0 (G_2 + 2) = 0 \tag{5.15}$$

在 $x = -x_c$ 处，$w = w_\alpha$；$\dfrac{\mathrm{d} w}{\mathrm{d} x} = w_c'$，得

$$C_2^{cp} = \frac{p_0 - \sigma_\alpha}{k_{c1} \left[\tan\left(-\beta_2 \dfrac{a}{2}\right) \sin(-\beta_2 x_c) + \cos(-\beta_2 x_c) \right]} \tag{5.16a}$$

$$a = 2x_c + \frac{2}{\beta_2} \arctan \frac{\beta_2 p_0 G_1}{2\beta_1 (p_0 - \sigma_\alpha)} \tag{5.16b}$$

式中，$G_1 = F_8 \exp(\beta_1 x_c) - F_7 \exp(-\beta_1 x_c)$；$G_2 = F_8 \exp(\beta_1 x_c) + F_7 \exp(-\beta_1 x_c)$。

取顶板参数 $H = 10$ m、$G = 8$ GPa、$f = 0.4$，煤层参数 $h = 3$ m、$E = 2$ GPa、$E/\lambda = 0.75$、$\mu = 0.35$、$C = 3$ MPa、$\varphi = 30°$，充填体参数 $E_c = 0.3$ GPa、$\sigma_\alpha = 3$ MPa、$\dfrac{E_c}{\lambda} = 0.8$，充填体对煤层的水平推力 $\sigma_{x0} = 0.1 p_0$，分别取 $p_0 = 5$ MPa、10 MPa、15 MPa，得煤层塑性区宽度 x_p、充填体弹性区宽度 x_c、充填体塑性区宽度 X_c 与采空区宽度 a 的关系，如图5.6所示。

5.1.3 考虑水平地应力时采空区充填采场变形与应力分析

前节对煤层采用线性损伤模型，应用应变等效假设描述峰后塑性软化特性，研究了采空区充填防治冲击地压的作用机理。其缺点是：

(1) 在煤层弹性变形区与塑性软化变形区交界处的弹性区侧不能满足屈服条件；

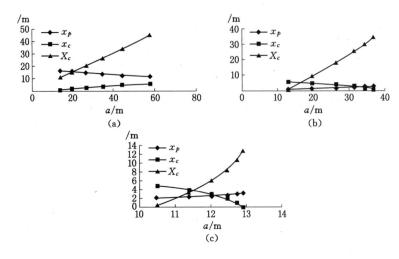

图 5.6　煤层塑性区宽度、充填体弹性区宽度、充填体塑性宽度与采空区宽度的关系曲线
(a) $p_0 = 5$ MPa；(b) $p_0 = 10$ MPa；(c) $p_0 = 15$ MPa

（2）原岩应力的水平分量采用海姆假设，即 $\sigma_x(\infty) = \mu' p_0$，与实际情况不符；

（3）不能用于分析煤层纯弹性变形的情况。

为克服这些缺点，本节假设原岩应力的水平分量满足 $\sigma_x(\infty) = \kappa p_0$，$\kappa$ 称为水平应力系数（侧应力系数）；煤层水平应力 σ_x 随着与煤壁距离的增大而增大，煤壁处 $\sigma_x = \sigma_{x0}$。假设水平应力分布为负指数函数，ζ 为水平应力分布指数，x 为距煤壁的距离，则

$$\sigma_x = \kappa p_0 - (\kappa p_0 - \sigma_{x0})\exp(-\zeta x) \tag{5.17}$$

其他条件、基本假设、基本方程同前。

假设一水平煤层，厚度为 h，煤层埋深为 H_0，原岩应力 $p_0 = \bar{\gamma} H_0$，$\bar{\gamma}$ 为上覆岩层平均容重。假设煤层及其顶底板岩层均为均匀、连续的各向同性材料，不考虑流变特性的影响。假设底板不变形，为刚性底板。

设采空区宽度为 a。采用采空区全部充填方法。取单位长度按平面应变问题进行计算，建立平面直角坐标系 o-xz（图 5.7）。

煤层及其顶板条件同前章，相关变量定义同前。

在载荷 p_0 作用下，顶板发生剪切变形，产生下沉量，对煤层和充填体产生压缩作用，煤层和充填体产生压缩变形。在载荷 p_0 一定的条件下，充填体附近的煤层产生塑性变形（简称 P 区），距离充填体较远的煤层产生弹性变形（简称 E 区）。充填区（C 区）随工作面推进逐渐扩大，随采随充，简化为完全充填。在采空区宽度较小时，充填体产生弹性变形（简称 CE 区）；随着采空区宽度的增大，

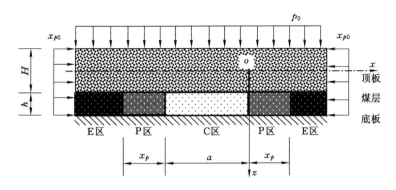

图 5.7 采空区充填分析模型

充填体中间部位一定范围的区域出现塑性变形(简称 CP 区),煤壁附近的区域仍然处于弹性变形状态(简称 CE 区);随着采空区宽度的继续增大,充填体塑性变形区(CP 区)不断增大。

5.1.3.1 充填体与煤层均为弹性变形状态

设顶板厚度为 H,顶板剪切模量为 G,$K = GH$。

煤层 E 区:$x \geqslant 0$,由基本方程和边界条件,得

$$Kw = \frac{p_0}{\alpha^2}[C_2^e \exp(-\alpha x) + 1], K\frac{\mathrm{d}w}{\mathrm{d}x} = -\frac{p_0}{\alpha}C_2^e \exp(-\alpha x) \qquad (5.18)$$

式中,C_2^e 为积分常数;$\alpha = \sqrt{\dfrac{k}{K}}$。

充填体 CE 区:$-a \leqslant x \leqslant 0$,由基本方程和边界条件,得

$$Kw = \frac{p_0}{\beta_1^2}\{C_2^\alpha[\exp(\beta_1 x + \beta_1 a) + \exp(-\beta_1 x)] + 1\} \qquad (5.19a)$$

$$K\frac{\mathrm{d}w}{\mathrm{d}x} = \frac{p_0}{\beta_1}C_2^\alpha[\exp(\beta_1 x + \beta_1 a) - \exp(-\beta_1 x)] \qquad (5.19b)$$

式中,C_2^α 为积分常数;$\beta_1 = \sqrt{\dfrac{k_c}{K}}$。

在 $x = 0$ 处,w、$\dfrac{\mathrm{d}w}{\mathrm{d}x}$ 连续。得积分常数

$$C_2^\alpha = \frac{\alpha + \beta_1}{\alpha\left[\dfrac{\alpha + \beta_1}{\alpha - \beta_1}\exp(\beta_1 a) + 1\right]}, C_2^e = \frac{(\alpha + \beta_1)[\exp(\beta_1 a) - 1]}{\beta_1\left[\dfrac{\alpha + \beta_1}{\alpha - \beta_1}\exp(\beta_1 a) + 1\right]} \qquad (5.20)$$

5.1.3.2 弹性极限

由 $x = 0$ 处屈服条件,得

$$a_{em} = \frac{1}{\beta_1}\ln\left[\frac{1-s_1}{1+s_1\dfrac{\alpha+\beta_1}{\alpha-\beta_1}}\right], \quad s_1 = \left(1 - \frac{m\sigma_{x0}+\sigma_c}{p_0}\right)\frac{\beta_1}{\alpha+\beta_1} \qquad (5.21)$$

由 $x = -\dfrac{a}{2}$ 处屈服条件,得

$$a_{ec} = \frac{2}{\beta_1}\ln\left(s_2 + \sqrt{s_2^2 - \frac{\alpha-\beta_1}{\alpha+\beta_1}}\right), \quad s_2 = \frac{p_0(\alpha-\beta_1)}{\alpha(p_0-\sigma_{cc})} \qquad (5.22)$$

如果 $a_{em} < a_{ec}$,则煤体首先屈服,出现 P 区;如果 $a_{em} > a_{ec}$,则充填体首先屈服,出现 CP 区。

取 $G = 8$ GPa,$H = 10$ m,$h = 3$ m,$E = 2$ GPa,$C = 3$ MPa,$\varphi = 30°$,$E_c = 0.3$ GPa,$\sigma_{cc} = 3$ MPa,水平推力分别为 0 MPa、1 MPa、2 MPa,得弹性极限采空区宽度与载荷关系曲线,如图 5.8 所示。

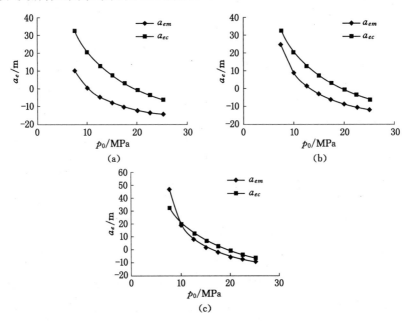

图 5.8 弹性极限采空区宽度与载荷关系曲线

(a) $\sigma_{x0} = 0$ MPa;(b) $\sigma_{x0} = 1$ MPa;(c) $\sigma_{x0} = 2$ MPa

煤层的弹性极限、充填体的弹性极限均随着载荷的增大而减小。充填体对煤壁产生的水平推力 σ_{x0} 对煤层弹性极限影响很大,对充填体弹性极限没有影响。

当忽略充填体对煤壁产生的水平推力,$\sigma_{x0} = 0$ 时,$a_{em} < a_{ec}$,煤体首先屈服,出现 P 区。当 $p_0 > 10$ MPa 时,$a_{em} < 0$,表明初采时煤壁附近的煤体即已屈服,

出现塑性区。

当忽略充填体对煤壁产生的水平推力较小，$\sigma_{x0} = 1$ MPa 时，$a_{em} < a_{ec}$，煤体首先屈服，出现 P 区。当 $p_0 > 13$ MPa 时，$a_{em} < 0$，表明初采时煤壁附近的煤体即已屈服，出现塑性区。

当忽略充填体对煤壁产生的水平推力较大，$\sigma_{x0} = 2$ MPa 时：如果载荷较大，$p_0 > 10$ MPa，则 $a_{em} < a_{ec}$，煤体首先屈服，出现 P 区。如果载荷较小，$p_0 < 10$ MPa，则 $a_{em} > a_{ec}$，充填体首先屈服，出现 CP 区。

一般情况下，充填体对煤壁产生的水平推力较小，因此煤体首先屈服是常见情况，而充填体首先屈服是不常见的。下面分析煤体首先屈服的情况。

5.1.3.3 煤层弹塑性变形状态

当 $a > a_{em}$ 时，煤层出现塑性变形区（P 区），发生弹塑性变形。

E 区：$x \geqslant x_p$

$$Kw = \frac{p_0}{\alpha^2}\left[C_2^e \exp(-\alpha x) + 1\right] \tag{5.23a}$$

$$K\frac{\mathrm{d}w}{\mathrm{d}x} = -\frac{p_0}{\alpha}C_2^e \exp(-\alpha x) \tag{5.23b}$$

$$\sigma_x = \kappa p_0 - (\kappa p_0 - \sigma_{x0})\exp(-\zeta x) \tag{5.23c}$$

式中，C_2^e 为积分常数。

P 区：$0 \leqslant x \leqslant x_p$，由基本方程和边界条件，得

$$Kw = C_1^p \sin(\beta x) + C_2^p \cos(\beta x) + a_1 + Kw_e + a_2 \exp(-\zeta x) \tag{5.24a}$$

$$K\frac{\mathrm{d}w}{\mathrm{d}x} = \beta C_1^p \cos(\beta x) - \beta C_2^p \sin(\beta x) + a_2 \zeta \exp(-\zeta x) \tag{5.24b}$$

式中，C_1^p，C_2^p 为积分常数；$\beta = \sqrt{\dfrac{k_1}{K}}$；$a_1 = \dfrac{m\kappa p_0 + \sigma_c - p_0}{\beta^2}$，$a_2 = \dfrac{m(\kappa p_0 - \sigma_{x0})}{\beta^2 + \zeta^2}$。

充填体 CE 区：$-a \leqslant x \leqslant 0$

$$Kw = \frac{p_0}{\beta_1^2}\{C_2^\alpha[\exp(\beta_1 x + \beta_1 a) + \exp(-\beta_1 x)] + 1\} \tag{5.25a}$$

$$K\frac{\mathrm{d}w}{\mathrm{d}x} = \frac{p_0}{\beta_1^2}\{C_2^\alpha[\exp(\beta_1 x + \beta_1 a) - \exp(-\beta_1 x)]\} \tag{5.25b}$$

式中，C_2^α 为积分常数。

在 $x = 0$，$x = x_p$ 处，w、$\dfrac{\mathrm{d}w}{\mathrm{d}x}$ 连续；在 $x = x_p$ 处，满足屈服条件，可得 $C_2^e = r_1 \cdot \exp(\alpha x_p)$；

$$w_e = \frac{p_0}{k}(r_1 + 1) \tag{5.26a}$$

$$C_2^{\alpha} = \frac{\beta_1(\beta C_1^p + a_2\zeta)}{p_0[\exp(\beta_1 a) - 1]} \tag{5.26b}$$

$$C_2^p = -r_2\sin(\beta x_p) - r_3\cos(\beta x_p) \tag{5.26c}$$

$$C_1^p = \frac{r_2 + C_2^p\sin(\beta x_p)}{\cos(\beta x_p)} \tag{5.26d}$$

$$a = \frac{2}{\beta_1}\mathrm{arth}\frac{\beta_1(\beta C_1^p + a_2\zeta)}{\beta_1^2\left[C_2^p + a_1 - a_2 + \dfrac{p_0}{a^2}(r_1 + 1)\right] - p_0} \tag{5.27}$$

式中，$r_1 = \dfrac{a_1\beta^2}{p_0} - m\left(\kappa - \dfrac{\sigma_{x0}}{p_0}\right)\exp(-\zeta x_p)$；$r_2 = -\dfrac{1}{\beta}\left[\dfrac{p_0}{\alpha}r_1 + a_2\zeta\exp(-\zeta x_p)\right]$；$r_3 = a_1 - a_2\exp(-\zeta x_p)$。

采空区宽度与 P 区宽度关系如图 5.9 所示。

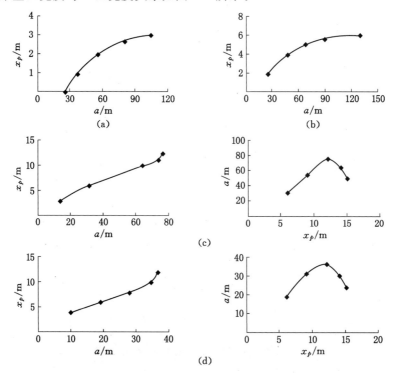

图 5.9　采空区宽度与 P 区宽度关系曲线

(a) $p_0 = 7.5$ MPa；(b) $p_0 = 10$ MPa；(c) $p_0 = 15$ MPa；(d) $p_0 = 20$ MPa

与无充填开采相比，充填开采的采空区宽度与 P 区宽度关系明显不同。

当 $p_0 < 13$ MPa 时，随着工作面向前推进，P 区宽度增长开始时较快，但增长的速率逐渐降低，采空区宽度达到一定值后，P 区宽度不再增长，煤体也不会

失稳,表明充填体已经充分发挥对顶板的支撑作用,有效避免了煤体冲击。

当 $p_0 > 13$ MPa 时,随着工作面向前推进,P 区宽度存在一个极限值。这个极限值即为煤体冲击的临界点。结果表明,对于深部开采,充填对顶板起到了一定的支撑作用,对顶板保持稳定性是有利的,但如果充填体的强度不够高,仍然不会避免冲击地压的发生。因此,对于深部开采,必须开发更加良好的充填材料,提高充填体的强度,才能达到有效降低冲击危险性之目的。

当 $p_0 = 15$ MPa(相当于 600 m 采深)时,P 区宽度的极限值为 12 m,对应的采空区宽度临界值为 79 m;当 $p_0 = 20$ MPa(相当于 800 m 采深)时,P 区宽度的极限值为 12 m,对应的采空区宽度临界值为 38 m。尽管仍然存在发生冲击地压的可能性,但与无充填相比,P 区临界宽度、采空区临界宽度均大幅度提高,表明充填体已经充分发挥对冲击地压的有效控制作用。

5.2 采空区充填控制煤体压缩型冲击地压分析

下面分析在保证顶板不断裂的条件下采空区充填对防治煤体压缩型冲击地压的作用。

取顶板参数 $H = 10$ m、$G = 8$ GPa、$f = 0.4$,煤层参数 $h = 3$ m、$E = 2$ GPa、$E/\lambda = 0.75$、$\mu = 0.35$、$C = 3$ MPa、$\varphi = 30°$,充填体参数 $E_c = 0.3$ GPa、$\sigma_{cc} = 3$ MPa、$E_c/\lambda_c = 0.8$,充填体对煤层的水平推力 $\sigma_{x0} = 0.1 p_0$,得采空区宽度与煤层塑性区宽度关系曲线,如图 5.10 所示。

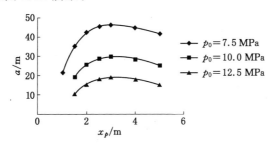

图 5.10 采空区宽度与煤层塑性区宽度的关系曲线

由图 5.10 可见,采空区宽度与煤层塑性区宽度的关系曲线存在极大值点。在极大值点处,$x_p = x_{pcr}$,对应的采空区宽度为 $a = a_\sigma$。在极大值点处,由于满足煤体冲击地压的扰动响应失稳判据 $\dfrac{\mathrm{d}a}{\mathrm{d}x_p} = 0$,顶板-煤层-充填体系统处于非稳定状态,遇外部扰动,煤层将会失稳而发生煤体压缩型冲击地压。x_{pcr} 称为临界塑性区宽度,a_σ 称为临界采空区宽度。

当 $p_0 = 12.5$ MPa 时,与无充填时的曲线进行对比分析,得到以下规律:

5.2.1 无充填时

(1) 当采空区宽度 $a = 10.4$ m 时,煤层塑性区宽度 $x_p = 2.75$ m,煤层处于稳定状态;

(2) 当采空区宽度 $a < 10.7$ m 时,煤层塑性区宽度 $x_p < 3.2$ m,煤层处于稳定状态;

(3) 当采空区宽度 $a > 10.7$ m 时,煤层塑性区宽度 $x_p = 3.2$ m,煤层失稳而发生煤体压缩型冲击地压。

5.2.2 充填开采时

(1) 当采空区宽度 $a = 10.7$ m 时,煤层塑性区宽度 $x_p = 2.23$ m < 3.2 m(小于无充填时的煤层塑性区宽度),充填体处于弹性变形状态,煤层处于稳定状态;

(2) 当采空区宽度 $a = 19.3$ m > 10.4 m 时(大于无充填时的采空区宽度),煤层塑性区宽度 $x_p = 2.75$ m,充填体达到弹性极限状态,煤层仍然处于稳定状态;

(3) 当采空区宽度 $a = 19.4$ m 时,煤层塑性区宽度 $x_p = 2.8$ m,充填体弹性区宽度 $x_c = 7.85$ m,充填体塑性区宽度 $X_c = 3.66$ m,充填体处于弹塑性变形状态,煤层仍然处于稳定状态;

(4) 当采空区宽度 $a = 19.6$ m 时,煤层塑性区宽度 $x_p = 3.1$ m,充填体弹性区宽度 $x_c = 5.2$ m,充填体塑性区宽度 $X_c = 10.1$ m,充填体处于弹塑性变形状态,煤层失稳而发生煤体压缩型冲击地压。

充填开采时发生煤体冲击的临界采空区宽度约为无充填时发生煤体冲击的临界采空区宽度的 2 倍。

5.3 采空区充填控制顶板断裂型冲击地压分析

下面分析在保证煤层不失稳的条件下采空区充填对防治顶板断裂型冲击地压的作用。由前述分析,得顶板剪力的分布规律为

$$Q = -\frac{1}{\alpha} C_1^e \exp(-\alpha x), x \geqslant x_p \tag{5.28a}$$

$$Q = \frac{C_1^p}{\alpha_1} \exp(-\alpha_1 x) + \frac{C_2^p}{\alpha_2} \exp(\alpha_2 x) + d_3 p_0, 0 \leqslant x \leqslant x_p \tag{5.28b}$$

$$Q = K\beta_1 [C_1^{ce} \exp(\beta_1 x) - C_2^{ce} \exp(-\beta_1 x)], -x_c \leqslant x \leqslant 0 \tag{5.28c}$$

$$Q = K\beta_2 [C_1^{cp} \cos(\beta_2 x) - C_2^{cp} \sin(\beta_2 x)], -\frac{a}{2} \leqslant x \leqslant x_c \quad (5.28\text{d})$$

在 $x \rightarrow \infty$ 处，$Q=0$；在 $x=x_p$ 处，$Q=Q_p=-\dfrac{1}{\alpha}C_1^e \exp(-\alpha x_p)$；在 $x=0$ 处，

$Q=Q_0=\dfrac{C_1^p}{\alpha_1}+\dfrac{C_2^P}{\alpha_2}+d_3 p_0$；在 $x=-x_c$ 处，$Q=Q_c=K\beta_1 [C_1^{ce} \exp(-\beta_1 x_c) - C_2^{ce} \cdot$

$\exp(\beta_1 x_c)]$；在 $x=-\dfrac{a}{2}$ 处，$Q=Q_m=0$。

在煤层弹性区上方的顶板剪力按指数规律分布，并在无穷远处趋于 0。在煤层塑性区上方和充填体弹性区上方的顶板剪力按双曲函数规律分布。在充填体塑性区上方的顶剪力按三角函数规律分布，在充填体中部为 0。从充填体中部（顶板剪力等于 0）位置开始，顶板剪力的绝对值逐渐增大，至某一位置（$x=x_{\max}$）处达到最大值，然后逐渐减小，至无穷远处趋于 0。

顶板剪力的绝对值的最大值位置（$x=x_{\max}$）由 $\dfrac{\mathrm{d}Q}{\mathrm{d}x}=0$ 确定。由式(5.28)得

$$\frac{\mathrm{d}Q}{\mathrm{d}x} = C_1^e \exp(-\alpha x), x \geqslant x_p \quad (5.29\text{a})$$

$$\frac{\mathrm{d}Q}{\mathrm{d}x} = C_1^p \exp(\alpha_1 x) + C_2^p \exp(\alpha_2 x), 0 \leqslant x \leqslant x_p \quad (5.29\text{b})$$

$$\frac{\mathrm{d}Q}{\mathrm{d}x} = K\beta_1^2 [C_1^{ce} \exp(\beta_1 x) + C_2^{ce} \exp(-\beta_1 x)], -x_c \leqslant x \leqslant 0 \quad (5.29\text{c})$$

$$\frac{\mathrm{d}Q}{\mathrm{d}x} = -K\beta_2^2 [C_1^{cp} \sin(\beta_2 x) + C_2^{cp} \cos(\beta_2 x)], -\frac{a}{2} \leqslant x \leqslant -x_c \quad (5.29\text{d})$$

一般情况下顶板剪力的绝对值的最大值位置（$x=x_{\max}$）位于煤层塑性区上方，即 $0 \leqslant x_{\max} \leqslant x_p$

$$x_{\max} = \frac{1}{\alpha_1 - \alpha_2} \ln\left(-\frac{C_2^p}{C_1^p}\right) \quad (5.30\text{a})$$

$$Q_{\max} = -\frac{C_1^p}{\alpha_1} \exp(\alpha_1 x_{\max}) - \frac{C_2^p}{\alpha_2} \exp(\alpha_2 x_{\max}) - d_3 p_0 \quad (5.30\text{b})$$

设顶板抗剪强度为 τ_c，则得顶板断裂而发生冲击地压的临界条件为 $Q_{\max}=H\tau_c$，即

$$\frac{C_1^p}{\alpha_1} \exp(\alpha_1 x_{\max}) + \frac{C_2^p}{\alpha_2} \exp(\alpha_2 x_{\max}) + d_3 p_0 + H\tau_c = 0 \quad (5.30\text{c})$$

按照类似推导，可得到顶板断裂型冲击地压发生时临界采空区宽度 $a_{\sigma 1}$ 与顶板抗剪强度 τ_c 的关系曲线，如图 5.11 所示。

与无充填情况相比，临界采空区宽度 $a_{\sigma 1}$ 都有一定程度的提高，表明采空区充填对顶板断裂型冲击地压的发生具有较好的控制作用。

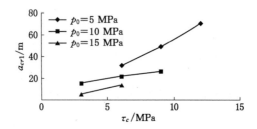

图 5.11 临界采空区宽度与顶板抗剪强度的关系曲线

5.4 采空区充填控制断层错动型冲击地压分析

设断层煤柱宽度为 L。下面分析在保证煤层不失稳、顶板不断裂的条件下采空区充填对防治断层错动型冲击地压的作用。

断层活化前，系统处于稳定平衡状态。

假设断层处于煤层弹性区位置，$x_p < L$，断层处的顶板剪力 $Q(L)$ 为

$$Q(L) = -\frac{1}{\alpha} C_1^e \exp(-\alpha L) \tag{5.31}$$

在不考虑断层倾角时，设 τ_f 为断层抗剪强度。由断层活化条件

$$Q(L) = -H\tau_f \tag{5.32}$$

得发生断层错动型冲击地压的临界断层煤柱宽度 $L_{\min}$

$$L_{\min} = \frac{1}{\alpha} \ln\left(\frac{C_1^e}{\alpha H \tau_f}\right) \tag{5.33}$$

取 $\tau_f = 2$ MPa，分别取 $p_0 = 5$ MPa、7.5 MPa、10 MPa、15 MPa，得临界断层煤柱宽度 $L_{\min}$ 与采空区宽度 a 的关系，如图 5.12 所示。

在既不发生顶板断裂，又不发生煤体压缩型冲击地压的条件下，临界断层煤柱宽度 $L_{\min}$ 随采空区宽度 a 的增大而增大。

与无充填情况相比，临界断层煤柱宽度 $L_{\min}$ 在大幅度降低，约为无充填时的一半，表明采空区充填对断层错动型冲击地压的发生具有很好的控制作用。

在工作面走向平行断层面布置时，应根据工作面倾向长度 a 计算临界断层煤柱宽度 $L_{\min}$。留设足够的断层煤柱宽度，$L > L_{\min}$，以避免断层错动型冲击地压的发生。因充填开采时临界断层煤柱宽度 $L_{\min}$ 较小，断层错动型冲击地压不易发生，只要工作面两侧巷道与断层的距离大于临界断层煤柱宽度 $L_{\min}$，即可避免断层错动型冲击地压的发生。

在工作面走向垂直断层面布置时，应首先选择将开切眼布置在断层附近，背

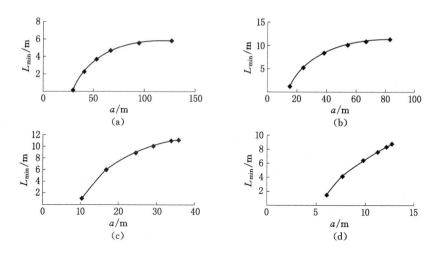

图 5.12 临界断层煤柱宽度与采空区宽度的关系曲线

(a) $p_0=5$ MPa；(b) $p_0=7.5$ MPa；(c) $p_0=10$ MPa；(d) $p_0=15$ MPa

离断层推进。留设足够的断层煤柱宽度，$L>L_{min}$，以避免断层错动型冲击地压的发生。因充填开采时临界断层煤柱宽度 L_{min} 较小，断层错动型冲击地压不易发生，只要开切眼与断层的距离大于临界断层煤柱宽度 L_{min}，即可避免断层错动型冲击地压的发生。

在采煤工作面前方遇到断层时，在工作面与断层的距离大于 L_{min} 之前，采取煤体卸压、顶板预裂、断层弱化等措施，以避免断层错动型冲击地压的发生。

5.5　沿空留巷巷旁充填防治冲击地压研究

由前文所述，顶板断裂型冲击地压的冲击源是基本顶断裂，基本顶断裂对采场产生冲击载荷，形成顶板冲击地压、工作面煤体冲击地压、巷道冲击地压。因此防治冲击地压的目标应放在顶板控制方面。

沿空留巷巷旁充填采场取消了巷旁煤柱，加入了人工构建的巷旁充填体。沿空留巷巷旁充填采场的稳定性与巷内支护形式和强度、巷旁充填的材料和结构形式密切相关。有些学者从取消巷旁煤柱的角度，根据矿山压力理论，提出了无煤柱开采可有效地控制冲击地压的发生。

沿空留巷巷旁充填巷道支护方式分为巷内支护与巷旁支护。加强支护是防治煤矿冲击地压的有效措施。

张农等[105]将煤矿支护技术分为三个发展阶段：一高阶段——高强度；两高阶段——高强度、高预紧力；三高阶段——高强度、高预紧力、高刚度。

郭育光等[93]认为沿空留巷巷旁充填的巷道围岩与巷旁充填体变形、巷旁充填体载荷变化均与工作面的周期来压有关系,当周期来压引起工作面后方基本顶失稳时巷道围岩变形与充填体载荷会剧烈增加并产生强烈变形。

漆泰岳[146]发现沿空留巷顶板在墙体采空侧及实体煤帮侧顶板先后发生两次断裂,得出了墙体支护强度与基本顶岩层断裂的关系。

何廷峻[147]分析了沿空留巷悬顶破断结构以及工作面端头的三角形悬顶对沿空巷道的危害,为此得到了滞后加固沿空留巷的时间和长度。

黄玉诚[148]分析了沿空留巷上覆顶板断裂垮落特征,得到了沿空留巷前期充填体的支护阻力要求应远大于后期支护阻力才能保证沿空留巷的支护强度。

谢文兵等[149]发现基本顶断裂位置对沿空留巷巷道围岩稳定性起着重要作用,基本顶岩层的回转运动决定着顶板围岩的位移,能够综合反映基本顶回转运动与围岩的变形。

谢文兵等[150]分析了综放沿空留巷围岩应力与位移的演变过程、围岩移动的特征,阐述了巷道和充填体上方顶煤的位移及其与上覆岩层之间的关系。

张国华[151]认为沿空留巷顶板断裂源于顶板岩层的自然条件因素及顶板控制的技术因素,而顶板控制的技术因素起到促进作用。

唐建新等[152]对沿空留巷顶板的离层机理进行了研究,分析了顶板离层与顶板变形的关系,得出了顶板离层的临界值,巷内支护采用锚网索联合主动支护方式控制顶板离层,巷旁支护可增补顶板锚索及时切顶以弥补巷旁充填体初期强度的不足。

朱川曲等[153]认为在进行综放沿空留巷支护设计时,应将稳定可靠性作为一个重要的设计指标,以保证支护结构的稳定性具有足够的可靠度,通过改善锚固体及充填材料力学性能等措施,可达到提高支护结构可靠性的目的。

徐金海等[154]将充填体看作黏弹塑性介质,考虑顶板刚度及充填体软化与流变特性建立力学分析模型。充填体具有流变特性,其稳定时间与黏滞系数呈正相关,与弹性模量和塑性区宽度的值呈负相关。

Deng Yuehua等[155]经过弹塑性力学分析,认为巷旁锚索支护形式可以阻止顶板离层、保持岩体的完整性并延缓墙体的承载时间。

张东升等[156-157]给出了保证充填体稳定的强度计算方法,认为空间锚栓加固网技术可提高充填体的整体支护强度和抗变形能力。

本节基于以上研究成果,采用顶板剪切梁理论,对沿空留巷巷旁充填采场的稳定性进行理论分析,揭示沿空留巷巷旁充填防治冲击地压机理,分析相关因素的影响规律,为沿空留巷巷旁充填技术防治冲击地压提供理论依据,指导沿空留巷巷旁充填采场有效防治冲击地压的工程实践。

5.5.1 基本假设与基本方程

设煤层厚度为 M，基本顶厚度为 H，直接顶厚度为 Σh。充填体宽度为 b_1，巷道宽度为 b_2。

坐标原点取在巷道煤壁位置，$x=0$。$x \leqslant 0$ 为巷道左侧实体煤范围；$0 \leqslant x \leqslant b_2$ 为巷道断面范围；$b_2 \leqslant x \leqslant b_1 + b_2$ 为充填体断面范围（图 5.13）。

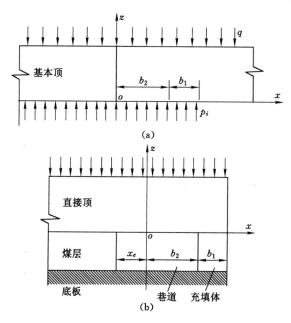

图 5.13 沿空留巷巷旁充填防冲模型

设基本顶等效剪切模量为 G_j，下沉量为 $W(\downarrow)$，剪力为 $Q_j(\downarrow)$，剪应力为 $\tau_j(\downarrow)$，水平推力为 T_j；载荷 $q(\downarrow)$ 为上覆岩层压力与基本顶自重之和，即 $q = \bar{\gamma}H_0$，$\bar{\gamma}$ 为基本顶及其上覆岩层平均容重，H_0 为埋深；载荷 $p_j(\uparrow)$ 为直接顶对基本顶的支承压力，则

$$G_j H \frac{\mathrm{d}^2 w}{\mathrm{d}x^2} = p_j - q \qquad (5.34\mathrm{a})$$

$$Q_j = G_j H \frac{\mathrm{d}w}{\mathrm{d}x} \qquad (5.34\mathrm{b})$$

$$\tau_j = \frac{Q_j}{1 \times H} = G_j \frac{\mathrm{d}w}{\mathrm{d}x} \qquad (5.34\mathrm{c})$$

设直接顶等效剪切模量为 G_z，下沉量为 $w(\downarrow)$，剪力为 $Q_z(\downarrow)$，剪应力为

$\tau_z(\downarrow)$，水平推力为 T_z；载荷 $q_z = p_j(\downarrow)$ 为基本顶对直接顶的压力；载荷 $p_z(\uparrow)$ 为煤层、充填体对直接顶的支承压力

$$(G_z \Sigma h)\,\frac{\mathrm{d}^2 w}{\mathrm{d}x^2} = p_z - q_z \tag{5.35a}$$

$$Q_z = (G_z \Sigma h)\,\frac{\mathrm{d}w}{\mathrm{d}x} \tag{5.35b}$$

$$\tau_z = \frac{Q_z}{1 \times \Sigma h} = G_z\,\frac{\mathrm{d}w}{\mathrm{d}x} \tag{5.35c}$$

在巷道左侧实体煤范围（$x \leqslant 0$），p_z 取决于煤层的压缩量；在充填体断面范围（$b_2 \leqslant x \leqslant b_1 + b_2$），$p_z$ 取决于充填体的压缩量；在巷道断面范围（$0 \leqslant x \leqslant b_2$），$p_z = 0$。

假设煤层的压缩量、充填体的压缩量与对应位置直接顶的下沉量相等，即为 w。基本顶的下沉量与直接顶的变形相关，假设在煤层与充填体上方

$$W = w + \frac{p_z}{E_z} \tag{5.36}$$

式中，E_z 为直接顶的压缩系数（E_z 值低于直接顶的弹性模量）。

假设在巷道上方 $W = w + rx + s$。式中，r,s 为常数，由巷道两侧上方基本顶的位移连续条件确定。

煤层处于三向应力状态，忽略剪应力影响，煤层的载荷位移关系与前述假设相同，即：

水平应力分布为负指数函数

$$\sigma_x = \kappa q \left[1 - \exp(-\zeta X)\right] \tag{5.37}$$

弹性区的垂直应力 P_z 与煤层压缩变形量 w 成正比

$$p_z = kw, w \leqslant w_e \tag{5.38a}$$

塑性区服从 M-C 屈服准则

$$p_z = m\sigma_x + \sigma_c - k_1(w - w_e), w_e \leqslant w \leqslant w_r \tag{5.38b}$$

式中的变量与符号定义同前。

为便于分析，简化计算，忽略其横向变形，假设无水平应力。假设沿竖向发生压缩变形，垂直应力 p_z 沿竖向均匀分布。

假设充填体峰值强度为 σ_α，对应的峰值应变为 ε_α。

假设充填体峰前应力-应变关系为线性（线性弹性）：

$$\sigma = E_c \varepsilon, 0 \leqslant \varepsilon \leqslant \varepsilon_\alpha \tag{5.39a}$$

式中，E_c 为充填体的弹性模量。

在峰值强度处，$\sigma = \sigma_\alpha$，$\varepsilon = \varepsilon_\alpha$，得 $\sigma_\alpha = E_c \varepsilon_\alpha$。

假设充填体峰后应力-应变关系为线性（线性塑性软化）：

$$\sigma = \sigma_\alpha - \lambda_c(\varepsilon - \varepsilon_\alpha), \varepsilon \geqslant \varepsilon_\alpha \qquad (5.39\text{b})$$

式中,λ_c 为充填体的降模量(软化模量)。

由 $\sigma = p_z$,$\varepsilon = \dfrac{w}{M}$,得充填体的载荷位移关系为

$$p_z = k_c w, 0 \leqslant w \leqslant w_\alpha \qquad (5.39\text{c})$$

$$p_z = \sigma_\alpha - k_{1c}(w - w_\alpha), w \geqslant w_\alpha \qquad (5.39\text{d})$$

式中,$k_c = \dfrac{E_c}{M}$ 为充填体的弹性刚度;$k_{1c} = \dfrac{\lambda_c}{M}$ 为充填体的软化刚度;$w_\alpha = M\varepsilon_\alpha$。

5.5.2 沿空留巷巷旁充填采场变形与应力分析

巷道实体煤侧煤层分为两个变形区域,弹性变形区和塑性变形区。与之相对应,分为五个区域分别进行分析计算,即:煤层弹性变形区、煤层塑性变形区、巷道区、充填体支承区、基本顶悬空区。

5.5.2.1 煤层弹性变形区:$x \leqslant -x_e$

由基本方程,令 $k_z = 1 + \dfrac{k}{E_z}$,得

$$(G_z \Sigma h + G_j H k_z) \frac{\mathrm{d}^2 w}{\mathrm{d}x^2} = kw - q \qquad (5.40)$$

令 $\alpha = \sqrt{\dfrac{k}{G_z \Sigma h + G_j H k_z}}$,积分上式,得

$$w = C_1^e \exp(\alpha x) + C_2^e \exp(-\alpha x) + \frac{q}{k} \qquad (5.41\text{a})$$

$$\frac{\mathrm{d}w}{\mathrm{d}x} = \alpha C_1^e \exp(\alpha x) - \alpha C_2^e \exp(-\alpha x) \qquad (5.41\text{b})$$

式中,C_1^e、C_2^e 为积分常数。

当 $x \to -\infty$ 时,$\dfrac{\mathrm{d}w}{\mathrm{d}x} = 0$,得 $C_2^e = 0$。

由 $x = -x_e$ 处,$w = w_e$,得 $C_1^e = \left(w_e - \dfrac{q}{k}\right)\exp(\alpha x_e)$。

由 $x = -x_e$ 处,$p_e = m\sigma_x^e + \sigma_c$,得 $w_e = \dfrac{\sigma_c + m\kappa q}{k} - \dfrac{m\kappa q}{k}\exp(-\zeta x_e)$。

基本顶为

$$W = k_z \left[\left(w_e - \frac{q}{k}\right)\exp(\alpha x + \alpha x_e) + \frac{q}{k}\right] \qquad (5.42\text{a})$$

$$\frac{\mathrm{d}w}{\mathrm{d}x} = \alpha k_z \left(w_e - \frac{q}{k}\right) C_1^e \exp(\alpha x + \alpha x_e) \qquad (5.42\text{b})$$

$$\tau_j = \frac{Q_j}{H} = G_j\frac{\mathrm{d}w}{\mathrm{d}x} = G_j\alpha k_z\left(w_e - \frac{q}{k}\right)\exp(\alpha x + \alpha x_e) \qquad (5.42c)$$

直接顶为

$$w = \left(w_e - \frac{q}{k}\right)\exp(\alpha x + \alpha x_e) + \frac{q}{k} \qquad (5.43a)$$

$$\frac{\mathrm{d}w}{\mathrm{d}x} = \alpha\left(w_e - \frac{q}{k}\right)\exp(\alpha x + \alpha x_e) \qquad (5.43b)$$

$$\tau_z = \frac{Q_z}{\Sigma h} = G_z\frac{\mathrm{d}w}{\mathrm{d}x} = G_z\alpha\left(w_e - \frac{q}{k}\right)\exp(\alpha x + \alpha x_e) \qquad (5.43c)$$

煤层支承压力为

$$p_z = k\left(w_e - \frac{q}{k}\right)\exp(\alpha x + \alpha x_e) + q \qquad (5.43d)$$

5.5.2.2 煤层塑性变形区：$-x_e \leqslant x \leqslant 0$

由基本方程，令 $G_1 = G_z\Sigma h + G_jH\left(1 - \dfrac{k_1}{E_z}\right)$ 得

$$G_1\frac{\mathrm{d}^2 w}{\mathrm{d}x^2} = \sigma_c + m\kappa q - q + k_1 w_e - k_1 w + \left(\frac{G_jH\zeta^2}{E_z} - 1\right)m\kappa q\exp(\zeta x) \qquad (5.44)$$

令 $\beta = \sqrt{\dfrac{\kappa_1}{G_z\Sigma h + G_jH\left(1 - \dfrac{\kappa_1}{E_z}\right)}}$，$k = 1 - \dfrac{\kappa_1}{E_z}$，积分上式，得

基本顶为

$$W = k[C_1^p\sin(\beta x) + C_2^p\cos(\beta x)] + A + \frac{q}{E_z} - \left(kB + \frac{m\kappa q}{E_z}\right)\exp(\zeta x) \qquad (5.45a)$$

$$\frac{\mathrm{d}w}{\mathrm{d}x} = \beta k[C_1^p\cos(\beta x) - C_2^p\sin(\beta x)] - \zeta\left(kB + \frac{m\kappa q}{E_z}\right)\exp(\zeta x) \qquad (5.45b)$$

$$\tau_j = \frac{Q_z}{\Sigma h} = G_z\frac{\mathrm{d}w}{\mathrm{d}x} = G_j\left\{\beta k[C_1^p\cos(\beta x) - C_2^p\sin(\beta x)] - \zeta\left(kB + \frac{m\kappa q}{E_z}\right)\exp(\zeta x)\right\} \qquad (5.45c)$$

直接顶为

$$w = C_1^p\sin(\beta x) + C_2^p\cos(\beta x) + A - B\exp(\zeta x) \qquad (5.46a)$$

$$\frac{\mathrm{d}w}{\mathrm{d}x} = \beta C_1^p\cos(\beta x) - \beta C_2^p\sin(\beta x) + A - \zeta B\exp(\zeta x) \qquad (5.46b)$$

$$\tau_z = \frac{Q_z}{\Sigma h} = G_z\frac{\mathrm{d}w}{\mathrm{d}x} = G_z[\beta C_1^p\cos(\beta x) - \beta C_2^p\sin(\beta x) - \zeta B\exp(\zeta x)] \qquad (5.46c)$$

煤层支承压力为

$$p_z = q - k_1 [C_1^p \sin(\beta x) + C_2^p \cos(\beta x)] + (k_1 B - m\kappa q) \exp(\zeta x) \quad (5.46d)$$

式中，C_1^p、C_2^p 为积分常数；$A = \dfrac{\sigma_c + m\kappa q - q}{k_1} + w_e$；$B = \left(1 - \dfrac{G_j H \zeta^2}{E_z}\right) \dfrac{m\kappa q \beta^2}{k_1(\beta^2 + \zeta^2)}$。

由 $x = -x_e$ 处，w、$\dfrac{dw}{dx}$ 连续，得

$$C_2^p = f_1 \sin(\beta x_e) + f_2 \cos(\beta x_e) \quad (5.47a)$$

$$C_1^p = f_1 \cos(\beta x_e) - f_2 \sin(\beta x_e) \quad (5.47b)$$

$$W(0) = k(C_2^p - B) + A - \frac{m\kappa q - q}{E_z} \quad (5.47c)$$

式中，$f_1 = \dfrac{\alpha}{\beta}\left(w_e - \dfrac{q}{k}\right) + \dfrac{\zeta}{\beta} B \exp(-\zeta x_e)$；$f_2 = w_e - A + B \exp(-\zeta x_e)$。

5.5.2.3 巷道区：$0 \leqslant x \leqslant b_2$

由基本方程，得

$$(G_z \Sigma h + G_j H r) \frac{d^2 w}{dx^2} = -q \quad (5.48)$$

令 $G = G_z \Sigma h + G_j H r$，积分上式，得：

基本顶为

$$W = -\frac{q}{2G} x^2 + (C_1^0 + r)x + C_2^0 + s \quad (5.49a)$$

$$\frac{dw}{dx} = -\frac{q}{G} x + C_1^0 + r \quad (5.49b)$$

$$\tau_j = \frac{Q_j}{H} = G_j \frac{dw}{dx} = G_j \left(-\frac{q}{G} x + C_1^0 + r\right) \quad (5.49c)$$

直接顶为

$$w = -\frac{q}{2G} x^2 + C_1^0 x + C_2^0 \quad (5.50a)$$

$$\frac{dw}{dx} = -\frac{q}{G} x + C_1^0 \quad (5.50b)$$

$$\tau_z = \frac{Q_z}{\Sigma h} = G_z \frac{dw}{dx} = G_z \left(-\frac{q}{G} x + C_1^0\right) \quad (5.50c)$$

式中，C_1^0、C_2^0 为积分常数。

由 $x = 0$ 处，w、$\dfrac{dw}{dx}$ 连续，得

$$C_2^0 = C_2^p + A - B \quad (5.51a)$$

$$C_1^0 = \beta C_1^p - \zeta B \quad (5.51b)$$

$$W(0) = C_2^0 + s \quad (5.51c)$$

$$W(b_2) = -\frac{qb_2^2}{2G} + (C_1^o + r)b_2 + C_2^o + s \tag{5.51d}$$

5.5.2.4 充填体支承区：$b_2 \leqslant x \leqslant b_1 + b_2$

可能出现两种状态，一是弹性变形，二是塑性变形。

（1）充填体弹性变形情况

由基本方程，令 $k_{cz} = 1 + \dfrac{k_c}{E_z}$，得

$$(G_z \Sigma h + G_j H k_{cz})\frac{\mathrm{d}^2 w}{\mathrm{d}x^2} = k_c w - q \tag{5.52}$$

令 $\alpha_1 = \sqrt{\dfrac{k_c}{G_z \Sigma h + G_j H k_{cz}}}$，积分上式，得：

基本顶为

$$W = k_{cz}\left[C_{11}^e \exp(\alpha_1 x) + C_{21}^e \exp(-\alpha_1 x) + \frac{q}{k_c} \right] \tag{5.53a}$$

$$\frac{\mathrm{d}w}{\mathrm{d}x} = \alpha_1 k_{cz}\left[C_{11}^e \exp(\alpha_1 x) - C_{21}^e \exp(-\alpha_1 x) \right] \tag{5.53b}$$

$$\tau_j = \frac{Q_j}{H} = G_j \frac{\mathrm{d}w}{\mathrm{d}x} = G_j \alpha_1 k_{cz}\left[C_{11}^e \exp(\alpha_1 x) - C_{21}^e \exp(-\alpha_1 x) \right] \tag{5.53c}$$

直接顶为

$$w = C_{11}^e \exp(\alpha_1 x) + C_{21}^e \exp(-\alpha_1 x) + \frac{q}{k_c} \tag{5.54a}$$

$$\frac{\mathrm{d}w}{\mathrm{d}x} = \alpha_1 \left[C_{11}^e \exp(\alpha_1 x) - C_{21}^e \exp(-\alpha_1 x) \right] \tag{5.54b}$$

$$\tau_z = \frac{Q_z}{\Sigma h} = G_z \frac{\mathrm{d}w}{\mathrm{d}x} = G_z \alpha_1 \left[C_{11}^e \exp(\alpha_1 x) - C_{21}^e \exp(-\alpha_1 x) \right] \tag{5.54c}$$

充填体支承压力为

$$p_z = k_c \left[C_{11}^e \exp(\alpha_1 x) + C_{21}^e \exp(-\alpha_1 x) \right] + q \tag{5.55}$$

式中，C_{11}^e、C_{21}^e 为积分常数。

由 $x = b_2$ 处，w，$\dfrac{\mathrm{d}w}{\mathrm{d}x}$ 连续，可得 $C_{11}^e = \dfrac{c_1 + c_2}{2}\exp(-\alpha_1 b_2)$；$C_{21}^e = \dfrac{c_1 - c_2}{2} \cdot$

$\exp(\alpha_1 b_2)$；$c_1 = C_1^o b_2 + C_2^o - \dfrac{qb_2^2}{2G} - \dfrac{q}{k_c}$；$c_2 = \dfrac{GC_1^o - qb_2^2}{G\alpha_1}$；$W(b_2) = k_{cz}\left(c_1 + \dfrac{q}{k_c} \right)$。

由 $x = 0$，$x = b_2$ 处 W 连续，得 $s = W(0) - C_2^o$；$r = \dfrac{1}{b_2} \cdot$

$\left[k_{cz}\left(c_1 + \dfrac{q}{k_c} \right) - W(0) \right] + \dfrac{qb_2}{2G} - C_1^o$。

（2）充填体塑性变形情况

由基本方程,令 $k_{1\alpha} = 1 - \dfrac{k_{1c}}{E_z}$,得

$$(G_z \Sigma h + G_j H k_{1\alpha}) \frac{\mathrm{d}^2 w}{\mathrm{d}x^2} = \sigma_\alpha + k_{1c} w_\alpha - q - k_{1c} w \tag{5.56}$$

令 $\beta_1 = \sqrt{\dfrac{k_{1c}}{G_z \Sigma h + G_j H k_{1\alpha}}}$,积分上式,得:

基本顶为

$$W = k_{1\alpha} \left[C_{11}^p \exp(\beta_1 x) + C_{21}^p \cos(\beta_1 x) + w_\alpha + \frac{\sigma_\alpha - q}{k_{1c}} \right] + \frac{\sigma_\alpha + k_{1c} w_\alpha}{E_z} \tag{5.57a}$$

$$\frac{\mathrm{d}w}{\mathrm{d}x} = k_{1\alpha} \beta_1 \left[C_{11}^p \cos(\beta_1 x) - C_{21}^p \sin(\beta_1 x) \right] \tag{5.57b}$$

$$\tau_j = \frac{Q_j}{H} = G_j \frac{\mathrm{d}W}{\mathrm{d}x} = G_j k_{1\alpha} \beta_1 \left[C_{11}^p \cos(\beta_1 x) - C_{21}^p \sin(\beta_1 x) \right] \tag{5.57c}$$

直接顶为

$$w = C_{11}^p \sin(\beta_1 x) + C_{21}^p \cos(\beta_1 x) + w_\alpha + \frac{\sigma_\alpha - q}{k_{1c}} \tag{5.58a}$$

$$\frac{\mathrm{d}w}{\mathrm{d}x} = \beta_1 \left[C_{11}^p \cos(\beta_1 x) - C_{21}^p \sin(\beta_1 x) \right] \tag{5.58b}$$

$$\tau_z = \frac{Q_z}{\Sigma h} = G_z \frac{\mathrm{d}w}{\mathrm{d}x} = G_z \beta_1 \left[C_{11}^p \cos(\beta_1 x) - C_{21}^p \sin(\beta_1 x) \right] \tag{5.58c}$$

充填体支护压力为

$$p_z = q - k_{1c} \left[C_{11}^p \sin(\beta_1 x) + C_{21}^p \cos(\beta_1 x) \right] \tag{5.59}$$

式中,C_{11}^p、C_{21}^p 为积分常数。

由 $x = b_2$ 处,w、$\dfrac{\mathrm{d}w}{\mathrm{d}x}$ 连续,得

$$C_{21}^p = c_3 \cos(\beta_1 b_2) - c_4 \sin(\beta_1 b_2) \tag{5.60a}$$

$$C_{11}^p = c_3 \sin(\beta_1 b_2) + c_4 \cos(\beta_1 b_2) \tag{5.60b}$$

式中,$c_3 = C_1^0 b_2 + C_2^0 - \dfrac{q b_2^2}{2G} - w_\alpha - \dfrac{\sigma_\alpha - q}{k_{1c}}$;$c_4 = \dfrac{C_1^0}{\beta_1} - \dfrac{q b_2}{G \beta_1}$。

$$W(b_2) = k_{1\alpha} \left(c_3 + w_\alpha + \frac{\sigma_\alpha - q}{k_{1c}} \right) + \frac{\sigma_\alpha + k_{1c} w_\alpha}{E_z} \tag{5.61}$$

由 $x = 0$,$x = b_2$ 处,W 连续,得

$$s = W(0) - C_2^0,$$

$$r = \frac{1}{b_2} \left[k_{1\alpha} \left(c_3 + w_\alpha + \frac{\sigma_\alpha - q}{k_{1c}} \right) + \frac{\sigma_\alpha + k_{1c} w_\alpha}{E_z} - W(0) \right] + \frac{q b_2}{2G} - C_1^0$$

5.5.2.5　基本顶悬空区：$x \geqslant b_1 + b_2 = b$

由基本方程，得

$$G_j H \frac{\mathrm{d}^2 W}{\mathrm{d}x^2} = -q \tag{5.62}$$

积分上式，得

$$\frac{\mathrm{d}W}{\mathrm{d}x} = -\frac{qx}{G_j H} + C_1^o \tag{5.63a}$$

$$W = -\frac{qx^2}{2G_j H} + C_1^o x + C_2^o \tag{5.63b}$$

$$\tau_j = \frac{Q_j}{H} = G_j \frac{\mathrm{d}W}{\mathrm{d}x} = G_j \left(-\frac{qx}{G_j H} + C_1^o \right) \tag{5.63c}$$

式中，C_1^o、C_2^o 为积分常数。

（1）充填体弹性变形情况

由 $x = b_1 + b_2 = b$ 处，W、$\dfrac{\mathrm{d}W}{\mathrm{d}x}$ 连续，得

$$C_2^o = \left(1 + \frac{k_c}{E_z} \right) \left[C_{11}^e \exp(\alpha_1 b) + C_{21}^e \exp(-\alpha_1 b) + \frac{q}{k_c} \right] + \frac{qb^2}{2G_j H} - C_1^o b \tag{5.64a}$$

$$C_1^o = \alpha_1 \left(1 + \frac{k_c}{E_z} \right) \left[C_{11}^e \exp(\alpha_1 b) - C_{21}^e \exp(-\alpha_1 b) \right] + \frac{qb}{G_j H} \tag{5.64b}$$

（2）充填体塑性变形情况

由 $x = b_1 + b_2$ 处，W、$\dfrac{\mathrm{d}W}{\mathrm{d}x}$ 连续，令 $\sigma = \sigma_\alpha + k_{1c} w_\alpha$，得

$$C_2^O = k_{1\alpha} \left[C_{11}^p \sin(\beta_1 b) + C_{21}^p \cos(\beta_1 b) + w_\alpha + \frac{\sigma_\alpha - q}{k_{1c}} \right] + \frac{\sigma}{E_z} + \frac{qb^2}{2G_j H} - C_1^O b \tag{5.65a}$$

$$C_1^O = \beta_1 k_{1\alpha} \{ C_{11}^p \cos[\beta_1 b] - C_{21}^p \sin[\beta_1 b] \} + \frac{qb}{G_j H} \tag{5.65b}$$

5.5.3　沿空留巷巷旁充填采场冲击地压发生的临界条件

沿空留巷巷旁充填采场发生的冲击地压有三种情况，即煤层冲击、顶板冲击、充填体冲击。下面分别推导出其临界条件。

5.5.3.1　煤层冲击

由上小节结果，在 $x = -x_e$ 处 W 的连续条件自然满足，得

$$W(-x_e) = \left(1 + \frac{k}{E_z} \right) w_e \tag{5.66}$$

由上小节结果,在 $x=-x_e$ 的两侧

$$\frac{\mathrm{d}W}{\mathrm{d}x} = \alpha\left(1+\frac{k}{E_z}\right)\left(w_e - \frac{q}{k}\right) \tag{5.67a}$$

$$\frac{\mathrm{d}W}{\mathrm{d}x} = \alpha\left(1-\frac{k_1}{E_z}\right)\left(w_e - \frac{q}{k}\right) - \frac{\zeta m\kappa q}{E_z}\exp(-\zeta x_e) \tag{5.67b}$$

由 $x=-x_e$ 处 $\dfrac{\mathrm{d}W}{\mathrm{d}x}$ 连续条件,得

$$q = \frac{\sigma_c}{1 - m\kappa + m\kappa\left(1 - \dfrac{\zeta k}{\alpha(k+k_1)}\right)\exp(-\zeta x_e)} \tag{5.68a}$$

$$\frac{\mathrm{d}q}{\mathrm{d}x_e} = \frac{\zeta\sigma_c m\kappa\left(1 - \dfrac{\zeta k}{\alpha(k+k_1)}\right)\exp(-\zeta x_e)}{\left[1 - m\kappa + m\kappa\left(1 - \dfrac{\zeta k}{\alpha(k+k_1)}\right)\exp(-\zeta x_e)\right]^2} \tag{5.68b}$$

由 $\dfrac{\mathrm{d}q}{\mathrm{d}x_e}=0$,得 $1-\dfrac{\zeta k}{\alpha(k+k_1)}=0$ 或 $\exp(-\zeta x_e)=0$。

若 $\exp(-\zeta x_e)=0$,则 $x_e=\infty$,表明煤体冲击不可能发生。

若 $1-\dfrac{\zeta k}{\alpha(k+k_1)}=0$,则

$$1 + \frac{k_1}{k} - \frac{\zeta}{\alpha} = 0 \tag{5.69}$$

上式称煤体冲击地压发生的临界条件。

当满足此条件时,则发生煤体冲击。式中,k 为煤层弹性刚度,k_1 为煤层软化刚度,$\alpha = \sqrt{\dfrac{k}{G_z\Sigma h + G_j H\left(1+\dfrac{k}{E_z}\right)}}$ 为与煤层、直接顶、基本顶的力学性质和几何性质相关的参数。ζ 为水平应力分布指数,说明煤层内水平应力的分布规律对煤体冲击地重要影响。

将此条件代回,得煤体冲击地压发生时的临界载荷 q_{crc}

$$q_{crc} = \frac{\sigma_c}{1 - m\kappa} \tag{5.70}$$

上式成立的条件是 $m\kappa < 1$。

煤体冲击地压发生时的临界载荷 q_{crc} 与煤体的峰值强度、内摩擦角有关。

5.5.3.2 顶板冲击

由上小节结果,基本顶的剪应力分布规律为

$$\tau_j = G_j \begin{cases} \alpha\left(1+\dfrac{k}{E_z}\right)\left(w_e-\dfrac{q}{k}\right)\exp(\alpha x+\alpha x_e) & (x \leqslant -x_e) \\[3mm] f(x) & (-x_e \leqslant x \leqslant 0) \\[3mm] -\dfrac{q}{G}x+C_1^o+r & (0 \leqslant x \leqslant b_2) \\[3mm] g(x) & (b_2 \leqslant x \leqslant b_1+b_2) \\[3mm] -\dfrac{qx}{G_j H}+C_1^O & (x \geqslant b_1+b_2) \end{cases}$$

$$(5.71a)$$

$$f(x)=\beta\left(1-\frac{k_1}{E_z}\right)\left[C_1^p\cos(\beta x)-C_2^p\sin(\beta x)\right]-\zeta\left[\left(1-\frac{k_1}{E_z}\right)B+\frac{m\kappa q}{E_z}\right]\exp(\zeta x)$$

$$(5.71b)$$

$$g(x)=\begin{cases} \alpha_1\left(1+\dfrac{k_1}{E_z}\right)\left[C_{11}^e\exp(\alpha_1 x)-C_{21}^e\sin(-\alpha_1 x)\right] & (煤层弹性形变) \\[3mm] \left(1-\dfrac{k_{1c}}{E_z}\right)\beta_1\left[C_{11}^p\cos(\beta_1 x)-C_{21}^p\sin(\beta_1 x)\right] & (煤层塑性形变) \end{cases}$$

$$(5.71c)$$

$$\tau_j(-x_e)=G_j\alpha\left(1+\frac{k_1}{E_z}\right)\left(w_e-\frac{q}{k}\right) \tag{5.71d}$$

$$\tau_j(0)=G_j(C_1^o+r) \tag{5.71e}$$

$$\tau_j(b_2)=G_j\left(C_1^o+r-\frac{qb_2}{G}\right) \tag{5.71f}$$

$$\tau_j(b_1+b_2)=G_j\left(C_1^O-\frac{q(b_1+b_2)}{G_j H}\right) \tag{5.71g}$$

由 $\tau_j(b_2)-\tau_j(0)=-G_j\dfrac{qb_2}{G}<0$，得

$$\tau_j(0)>\tau_j(b_2) \tag{5.72}$$

(1) 当 $\tau_j(b)-\tau_j(b_2)=G_j\left(C_1^O-C_1^o-r+\dfrac{qb_2}{G}-\dfrac{qb}{G_j H}\right)<0$ 时，得

$$\tau_j(0)>\tau_j(b_2)>\tau_j b \tag{5.73}$$

则巷道内侧上方基本顶首先破裂。由最大剪应力

$$\tau_{j\max}=\tau_j(0)=G_j(C_1^o+r)=\tau_{jf} \tag{5.74}$$

得顶板冲击发生的条件为

$$C_1^o=\frac{\tau_{jf}}{G_j}-r \tag{5.75}$$

(2) 当 $\tau_j(b)-\tau_j(b_2)=G_j\left(C_1^O-C_1^o-r+\dfrac{qb_2}{G}-\dfrac{qb}{G_j H}\right)>0$，且 $\tau_j(b)-\tau_j(0)=$

$$G_j\left(C_1^O - C_1^o - r - \frac{qb}{G_jH}\right) < 0 \text{ 时,得}$$

$$\tau_j(0) > \tau_j(b) > \tau_j(b_2) \tag{5.76}$$

首先破裂位置也发生在巷道内侧上方基本顶,顶板冲击发生的条件同(1)。

(3) 当 $\tau_j(b) - \tau_j(b_2) = G_j\left(C_1^O - C_1^o - r + \frac{qb_2}{G} - \frac{qb}{G_jH}\right) > 0$,且 $\tau_j(b_1 + b_2) -$

$\tau_j(0) = G_j\left(C_1^O - C_1^o - r - \frac{qb}{G_jH}\right) > 0$ 时,得

$$\tau_j(b) > \tau_j(0) > \tau_j(b_2) \tag{5.77}$$

则充填体外侧上方基本顶首先破裂。由最大剪应力

$$\tau_{jmax} = \tau_j(b) = G_j\left(C_1^O - \frac{qb}{G_jH}\right) = \tau_{jf} \tag{5.78}$$

得顶板冲击发生的条件为

$$C_1^O = \frac{\tau_{jf}}{G_j} + \frac{qb}{G_jH} \tag{5.79}$$

5.5.3.3 充填体冲击

充填体发生弹性变形时,不会失稳而发生冲击地压。只有充填体在塑性变形情况下,转变为非稳定材料,才有失稳而发生冲击地压的可能性。

由充填体塑性软化变形阶段的载荷位移关系,得

$$p_z = q - k_{1c}\left[C_{11}^p\sin(\beta_1 x) + C_{21}^p\cos(\beta_1 x)\right] \tag{5.80a}$$

$$\frac{\partial p_z}{\partial x} = \beta_1 k_{1c}\left[C_{21}^p\sin(\beta_1 x) - C_{11}^p\cos(\beta_1 x)\right] \tag{5.80b}$$

$$\frac{\partial^2 p_z}{\partial x^2} = -\beta_1^2 k_{1c}\left[C_{21}^p\cos(\beta_1 x) + C_{11}^p\sin(\beta_1 x)\right] \tag{5.80c}$$

在 $b_2 \leqslant x \leqslant b_1 + b_2$ 范围内,如果 $\frac{\partial p_z}{\partial x} < 0$,则 p_z 为减函数,最小值 p_{zmin} 在 $x = b_1 + b_2$ 位置,即充填体外侧,即

$$p_{zmin} = p_z(b) = q - k_{1c}\left[C_{11}^p\sin(\beta_1 b) + C_{21}^p\cos(\beta_1 b)\right] \tag{5.81}$$

如果 $\frac{\partial p_z}{\partial x} > 0$,则 p_z 为增函数,最小值 p_{zmin} 在 $x = b_2$ 位置,即充填体内侧,即

$$p_{zmin} = p_z(b_2) = q - k_{1c}\left[C_{11}^p\sin(\beta_1 b_2) + C_{21}^p\cos(\beta_1 b_2)\right] \tag{5.82}$$

如果 $\frac{\partial p_z}{\partial x} = 0$,且 $\frac{\partial^2 p_z}{\partial x^2} > 0$,则最小值 p_{zmin} 在 $x = x_{min}$ 位置。由 $\frac{\partial p_z}{\partial x} = 0$,得

$$x_{min} = \frac{1}{\beta_1}\arctan\frac{C_{11}^p}{C_{21}^p}, b_2 \leqslant x_{min} \leqslant b_1 + b_2 \tag{5.83}$$

如果 $\frac{\partial p_z}{\partial x} = 0$,且 $\frac{\partial^2 p_z}{\partial x^2} < 0$,则最小值 p_{zmin} 位置或者在充填体外侧,或者在充

填体内侧。可通过比较 $p_z(b_2)$ 与 $p_z(b_1+b_2)$ 而确定。

在其他条件不变的条件下，充填体载荷最小位置由其几何参数和力学性质决定，其中的主要影响因素是充填体的宽度和刚度比（弹性刚度与软化刚度的比值）。

一般情况下，最小载荷位置在充填体的两侧，在中间位置的条件 $x_{min}=\frac{1}{\beta_1}\arctan\frac{C_{11}^p}{C_{21}^p}, b_2 \leqslant x_{min} \leqslant b_1+b_2$ 是不易满足的。

由冲击地压失稳理论，峰后软化变形阶段材料的承载能力降低，随塑性变形增大载荷降低。冲击地压发生的临界条件为，载荷降至最低值时，塑性变形迅速增大而不可控制。

由 $p_{zmin}=0$，得充填体发生冲击地压的临界条件如下：

（1）充填体外侧首先发生冲击时

$$C_{11}^p \sin[\beta_1(b_1+b_2)] + C_{21}^p \cos[\beta_1(b_1+b_2)] = \frac{q}{k_{1c}} \tag{5.84}$$

（2）充填体内侧首先发生冲击时

$$C_{11}^p \sin(\beta_1 b_2) + C_{21}^p \cos(\beta_1 b_2) = \frac{q}{k_{1c}} \tag{5.85}$$

（3）充填体中部首先发生冲击时

$$C_{11}^p \sin\left(\arctan\frac{C_{11}^p}{C_{21}^p}\right) + C_{21}^p \cos\left(\arctan\frac{C_{11}^p}{C_{21}^p}\right) = \frac{q}{k_{1c}} \tag{5.86}$$

由基本顶破裂的 C 形板模型，随工作面的推进，基本顶断裂裂纹起裂后，将沿曲线扩展，逐渐向两侧巷道方向延伸。设裂纹位置坐标为 $x=L$，则有 $\tau_j(L)=0$，得

$$C_1^O = \frac{qL}{G_j H} \tag{5.87}$$

当充填体发生弹性变形时，得

$$\alpha_1\left(1+\frac{k_c}{E_z}\right)\left[\frac{c_1+c_2}{2}\exp(\alpha_1 b_1) - \frac{c_1-c_2}{2}\exp(-\alpha_1 b_1)\right] + \frac{q(b-L)}{G_j H} = 0 \tag{5.88}$$

当充填体发生塑性变形时，得

$$\beta_1\left(1-\frac{k_{1c}}{E_z}\right)[C_{11}^p \cos(\beta_1 b) - C_{21}^p \sin(\beta_1 b)] + \frac{q(b-L)}{G_j H} = 0 \tag{5.89}$$

由以上两式，分别得到两种情况下裂纹位置坐标 L 对基本顶、直接顶、煤层和充填体的变形与应力的限制条件。由此限制条件，即可判别三种情况（煤层冲击、顶板冲击、充填体冲击）冲击地压发生条件中的哪一个首先达到满足，也就是说，煤层冲击、顶板冲击、充填体冲击哪种情况首先发生。

巷旁充填改变了沿空留巷采场煤层及其顶板岩层的变形和破坏规律。当巷内支护与巷旁充填合理时,可有效控制冲击地压的发生。因此,沿空留巷巷旁充填开采对防控冲击地压具有重要作用。

沿空留巷巷旁充填采场发生冲击地压的临界条件与煤层弹性刚度、煤层软化刚度、煤层及顶板的力学性质和几何性质相关的参数。煤层内水平应力的分布规律对煤体冲击地重要影响。临界载荷与煤体的峰值强度、内摩擦角有关。

5.6   小结

本章基于控制顶板断裂防治冲击地压的基本思想,建立了充填开采防治冲击地压的基本理论。

通过研究煤层-充填体-顶底板系统,分别考虑煤体特性和水平地应力影响,建立了采空区充填防治冲击地压理论。

在顶板不断裂的条件下,采空区充填对煤体压缩型冲击地压具有有效控制作用。采煤工作面自开切眼开始向前推进,形成采空区。当采空区宽度较小时,煤层处于稳定状态;当采空区宽度达到临界值时,充填体处于弹塑性变形状态,煤层失稳而发生煤体压缩型冲击地压。充填开采时发生煤体冲击的临界采空区宽度约为无充填时发生煤体冲击的临界采空区宽度的 2 倍。

采空区充填对顶板断裂型冲击地压具有有效控制作用。当载荷较小(埋深小于 500 m)时,随工作面向前推进,煤层塑性区宽度增长速度开始时较快,但增长的速率逐渐降低,采空区宽度达到一定值后不再增长,煤体也不会失稳,表明充填体已经充分发挥对顶板的支撑作用,有效避免了煤体冲击。当载荷较大(埋深 500~800 m)时,随工作面向前推进,煤层塑性区宽度存在一个极限值。这个极限值即为冲击地压发生的临界点。当载荷很大(埋深大于 800 m)时,充填体对顶板起到了支撑作用,但如果充填体的强度不够高,仍然不会避免冲击地压的发生。与无充填相比,煤层塑性区临界宽度、采空区临界宽度均大幅度提高,表明充填体已经充分发挥对冲击地压的有效控制作用。对于深部开采,虽然充填体对冲击地压起到了一定的控制作用,但仍然不会避免冲击地压的发生,因此必须开发更加良好的充填材料,提高充填体的强度,才能达到有效降低冲击危险性之目的。

沿空留巷巷旁充填采场发生的冲击地压有三种情况,即煤层冲击、顶板冲击、充填体冲击。通过研究煤层-充填体-采空区-顶底板系统,建立了沿空留巷巷旁充填防治冲击地压理论,分别得到了煤层冲击、顶板冲击、充填体冲击发生的临界条件。煤层内水平应力的分布规律对煤体冲击地重要影响,且煤体冲击地压发生时的临界载荷与煤体的峰值强度、内摩擦角有关。顶板冲击发生时的临界条件主要取决于顶板厚度与硬度。在其他条件不变的条件下,充填体载荷最小位置由其几何参数和力学性质决定,其中的主要影响因素是充填体的宽度和刚度比。

通过解析分析,得到了顶板破裂位置对基本顶、直接顶、煤层和充填体的变形与应力的限制条件。由此限制条件,即可判别三种情况(煤层冲击、顶板冲击、充填体冲击)冲击地压发生条件中的哪一个首先达到满足,也就是说,煤层冲击、顶板冲击、充填体冲击哪种情况首先发生。

6 冲击地压充填控制的模拟研究

第 5 章通过解析分析研究了充填开采防治冲击地压问题。所建立的解析分析模型包含煤层、采空区、直接顶和基本顶，并且假设基本顶上覆岩层压力为均匀分布。实际上上覆岩层压力并不是均匀分布的。因此，解析分析存在一定的局限性。为更加真实地反映上覆岩层对充填采场应力与变形规律的影响，弥补解析分析的不足，本章采用 RFPA 数值模拟[158]软件、FLAC³ᴰ 数值模拟软件和相似材料模拟方法，对充填采场应力与变形分布规律进行数值模拟和物理模拟研究，进一步验证充填开采防治冲击地压的有效性。

6.1 采空区充填控制冲击地压的数值模拟研究

6.1.1 数值模拟方案

6.1.1.1 数值模拟的目的

模拟裂隙群的演化，分析塑性破坏区域裂隙群变形、破坏、扩展规律及其能量释放情况；从应力与声发射情况，对比分析充填体不同压实率、强度情况下围岩应力变化与顶板运移规律，验证采空区充填对顶板断裂型冲击地压的防治效果；从应力与声发射情况，对比分析不同深度情况下围岩应力变化与顶板运移规律，验证采空区充填对煤体压缩型冲击地压的防治效果；从应力和声发射情况，对比分析距断层不同距离情况下围岩应力变化与顶板运移规律，采用充填法防治对断层错动型冲击地压的防治效果。

6.1.1.2 模型力学参数

根据煤矿实际地质柱状图选取力学参数，通过反演和优化结合实际观测数据进行综合分析后，确定所用岩层参数与岩层相变准则参数。

从表 6.1 中可以明显得到，影响程度最大的为充填体的充填率，其次分别为煤层埋深、充填体强度、煤层倾角，但对于煤层工作面特定地质条件来讲，煤层埋深与煤层倾角是固定的，人为无法改变，所以充填体的充填率与充填体强度是人工可调控的主要变量。

6.1.1.3 数值建模方案

充填率的差异直接影响上覆岩层的变形运动情况，充填率不同，岩层运移情

表 6.1　充填开采影响因素

影响因素	充填率	煤层埋深	充填体强度	煤层倾角
重要性的顺序	1	2	3	4

况不同,岩层的运动规律发生质的改变,对于控制应力转移具有决定性作用,充填率越大,围岩变形越小,充填率越小,围岩变形越发严重;充填体强度决定着最初顶板的下沉状态,决定着顶板的后期运动规律,充填体强度越大,抗变形能力越强,承重能力越强,反之,相反。本章通过数值模拟计算来模拟研究充填率与充填体的弹性模量(强度或刚度)对上覆岩层的运移变形情况及充填回采过程中矿压显现规律,模型岩层力学参数及相变准则控制参数见表 6.2 和表 6.3,设计数值模拟方案如下:

表 6.2　模型岩层力学参数表

岩性		弹模 E/MPa	强度 S/MPa	泊松比 μ	容重 W/N·mm^{-3}
泥岩	均值度	4.1	4.1	100	100
	平均值	4 200	41	0.31	2.0×10^{-5}
粉砂岩	均值度	5	5	100	100
	平均值	5 000	50	0.29	2.5×10^{-5}
泥岩	均值度	4.2	4.1	100	100
	平均值	4 200	41	0.31	2.0×10^{-5}
中砂岩	均值度	5.5	5.5	100	100
	平均值	7 000	70	0.25	2.6×10^{-5}
泥岩	均值度	4.2	4.1	100	100
	平均值	4 200	41	0.31	2.0×10^{-5}
细砂岩	均值度	6	6	100	100
	平均值	8 000	80	0.22	2.6×10^{-5}
泥岩	均值度	4.1	4.1	100	100
	平均值	4 000	40	0.30	1.9×10^{-5}
粉砂岩	均值度	5	5	100	100
	平均值	5 000	50	0.29	2.5×10^{-5}
泥岩	均值度	4	4	100	100
	平均值	4 000	40	0.31	2.1×10^{-5}

表 6.2(续)

岩性		弹模 E/MPa	强度 S/MPa	泊松比 μ	容重 W/N·mm⁻³
细砂岩	均值度	6	6	100	100
	平均值	8 000	80	0.22	2.6×10⁻⁵
煤	均值度	2.1	2.2	100	100
	平均值	2 100	20	0.33	1.1×10⁻⁵
泥岩	均值度	4.2	4.1	100	100
	平均值	4 200	41	0.31	2.0×10⁻⁵
细砂岩	均值度	6	6	100	100
	平均值	8 000	80	0.22	2.6×10⁻⁵
泥岩	均值度	4.1	4.1	100	100
	平均值	4 000	40	0.30	1.9×10⁻⁵
粉砂岩	均值度	5	5	100	100
	平均值	5 000	50	0.29	2.5×10⁻⁵
泥岩	均值度	4	4	100	100
	平均值	4 000	40	0.31	2.1×10⁻⁵
细砂岩	均值度	6	6	100	100
	平均值	8 000	80	0.22	2.6×10⁻⁵

表 6.3　相变准则控制参数

控制参数	参数值	控制参数	参数值
压拉比	1/11	最大拉应变系数	1.6
残余阈值系数	0.11	最大压应变系数	220
相变准则		Mohr-Coulomb	

（1）顶板断裂型冲击地压

载荷一定的情况下,当充填体弹性模量为 0.5 GPa,煤层采高为 3 m,采深为 700 m,充填率为 65%、75%、85%、95% 时对应的充填体强度分别为 0.5 GPa、1 GPa、1.5 GPa、2 GPa,对充填回采过程中上覆岩层变形规律进行分析,对充填开采条件下顶板断裂型冲击地压进行研究。

（2）煤体压缩型冲击地压

煤层采高为 3 m,充填率为 95% 时,充填体的弹性模量为 1 GPa 时,煤层的埋藏深度分别为 400 m、600 m、800 m、1 000 m 时,观测充填回采过程中上覆岩层的运移变形规律,对充填开采条件下煤体压缩型冲击地压进行研究。

(3) 断层错动型冲击地压

研究当充填体弹性模量为 0.5 GPa,煤层采高为 3 m,采深为 700 m,充填率为 95% 时,充填体距断层距离分别为 30 m、40 m、50 m、60 m、70 m 时断层滑移情况,对充填开采条件下断层错动型冲击地压进行研究。

6.1.2 顶板断裂型冲击地压充填防治数值模拟研究

6.1.2.1 数值分析模型

(1) 传统垮落法

根据工作面的实际情况及模型建立方法,模拟煤层传统垮落法应力分布情况与顶板下沉量情况,模型网格为:长×宽为 400×200,代表 400 000 mm×200 000 mm,每一个单元格代表 1 000 mm(图 6.1);在 Y 方向加载均布载荷 17.5 MPa,X 方向加零位移和零应力约束。

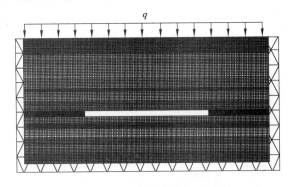

图 6.1 工作面数值模拟网格图

(2) 充填采煤防冲法

根据工作面的实际情况及模型建立方法,模拟煤层充填方法防治冲击地压的应力分布情况与顶板下沉量情况,采用充填方法防治顶板断裂型、煤体压缩型、断层错动型冲击地压 3 种方式的治理效果,模型网格为:长×宽为 400×200,代表 400 000 mm×200 000 mm,每一个单元格代表 1 000 mm(图 6.2);在 Y 方向加载均布载荷 17.5 MPa,X 方向加零位移和零应力约束。

载荷一定的情况下,煤层采高为 3 m,采深为 700 m,充填率为 65%、75%、85%、95% 时对应的充填体强度分别为 0.5 GPa、1 GPa、1.5 GPa、2 GPa,对充填回采过程中上覆岩层的运移变形情况及充填回采过程中矿压显现基本规律进行研究分析。

充填开采过程中,在煤体侧、充填体与围岩上覆顶板布置监测点,监测相应

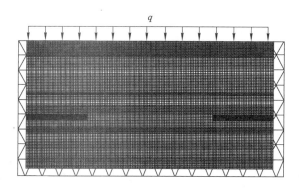

图 6.2　工作面数值模拟网格图

点的应力与位移变化量。模拟分析以走向剖面分布为例。应力分布图中以图像的明亮暗淡程度代表应力的变化,明亮区域代表应力升高区,暗淡区域代表应力降低区域。声发射图像红色斑点代表拉伸破坏,白色斑点代表压缩破坏。

6.1.2.2　传统垮落法围岩应力变化规律分析

采用传统垮落法的采空区,根据采空区上覆岩层移动破坏情况分为"三带",即垮落带、裂隙带、弯曲带(或整体移动带)。图 6.3 所示为围岩应力变化图,图 6.4 所示为围岩破裂声发射变化图,图 6.5 所示为顶板下沉量变化曲线。

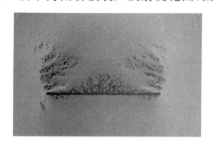

图 6.3　围岩应力变化图

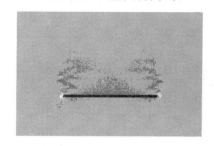

图 6.4　围岩破裂声发射变化图

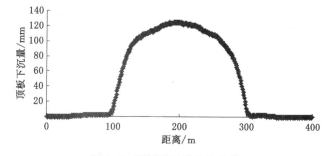

图 6.5　顶板下沉量变化曲线

如图 6.6 所示,采用传统垮落法时,上覆岩层所受应力状态既有压应力又有拉应力,其破坏形式既有拉伸剪切破坏,又有挤压破坏,且以拉伸剪切破坏为主,在采空区附近上覆岩层的破坏十分明显,裂隙扩展严重,采空区中间破坏形成一个层状结构冒落拱,破坏形式由下而上发展,直到主关键层区域出现破坏形式时停止,采空区两侧出现应力集中区,受采动影响应力重新分布。从声发射图上可以得出,具有声发射的区域破坏由下而上发展,上覆岩层出现了不同形式的破坏程度,上覆顶板在自身重力作用与围岩应力的作用下竖向产生垂向位移,顶板下沉量最大值达到 135 mm,水平方向出现围岩错动距离,受采动影响围岩应力重新分配,当采空区达到极限跨距后,顶板瞬间断裂,产生冲击,在围岩传递作用下作用于煤体造成煤体突然崩塌,产生较大冲击力对作业区域人员及设备造成伤害与损坏,易产生顶板断裂型冲击地压。

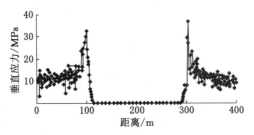

图 6.6 顶板垂直应力变化曲线图

6.1.2.3 充填体和围岩应力变化幅度的衡量关系

当煤体采动后采场达到新平衡状态。用充填体所受应力 σ_c 除以煤体应力 σ_m 表示采场应力变异系数 $\Delta\sigma$。

在特定地质条件和开采条件下,采场应力变异系数越大,表示采动应力的影响越小(图 6.7),充填体压实率越小;充填体强度越高,压缩空间越小[88]。

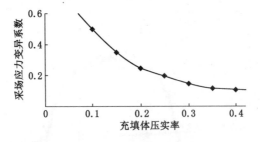

图 6.7 充填体压实率与采场应力变异系数

由图 6.7 可知,充填体压实率越小,充填抗压强度越大,充填体与充填体抗压强度成反比的关系,充填体支护强度越大,充填体压实率越小,充填体支护强度越大,充填体支护强度越好,采掘活动的影响对采场应力的影响会逐渐减小,防冲效果越好。

6.1.2.4　充填体和围岩应力变化规律分析

以下对不同程度的充填率(分别为 65%、75%、85%、95% 时对应的充填体强度分别为 0.5 GPa、1 GPa、1.5 GPa、2 GPa)进行覆岩运动规律的研究。模拟工作面充填开采上覆岩层垮落情况、顶板垂直应力场及其位移矢量分布情况。

(1) 充填率为 65%

如图 6.8 所示,当充填率为 65% 时,在充填区域上方顶板内出现了局部破坏集中的拉应力区,在充填区的前端煤体内应力出现应力升高区(明亮区域明亮程度代表应力大小程度,明亮区代表高应力区,暗淡区代表应力降低区),且以压应力存在为主。上覆岩层仍有大范围破断体产生,声发射区域十分明显(图6.9),相比全部垮落法破坏范围明显缩小,图 6.10 所示顶板下沉量最大值为55 mm,顶板垂直应力最大值为 24 MPa(图 6.11),煤体侧压力与传统垮落法相比,应力值急剧下降,上覆岩层破坏发展出现减缓趋势,充填体起到支撑上覆顶板岩层的作用。

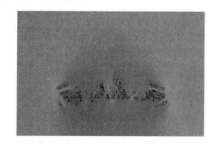

图 6.8　围岩应力变化图　　　　图 6.9　围岩破裂声发射变化图

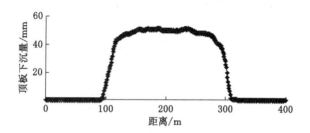

图 6.10　顶板下沉量变化曲线

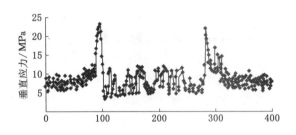

图 6.11　顶板垂直应力变化曲线图

（2）充填率为 75%

如图 6.12 所示，当充填率为 75% 时，在充填区域上方顶板内出现了局部破坏集中的拉应力区，在充填区的前端煤体内应力出现应力升高区，且以压应力存在为主。上覆岩层仍有大范围破断体产生，声发射区域十分明显（图 6.13），相比全部垮落法破坏范围明显缩小，图 6.14 所示顶板下沉量最大值为 37 mm，顶板垂直应力最大值为 22 MPa（图 6.15），煤体侧压力与传统垮落法相比，应力值急剧下降，上覆岩层破坏发展出现减缓趋势，充填体起到支撑上覆顶板岩层的作用，围岩上覆顶板压力由煤柱与充填体共同承担，与充填率 65% 相比较，可以明显得出，充填体顶板下沉量减小，超前支撑压力值降低，随着充填率的增加，整个围岩系统向稳定状态发展。

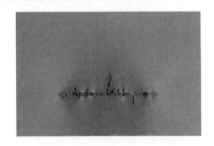

图 6.12　围岩应力变化图

图 6.13　围岩破裂声发射变化图

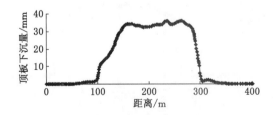

图 6.14　顶板下沉量变化曲线

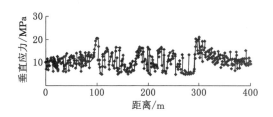

图 6.15　顶板垂直应力变化曲线图

（3）充填率为 85%

如图 6.16 所示，当充填率为 85% 时，在充填区域上方顶板内出现了局部破坏集中的拉应力区，在充填区的前端煤体内应力出现应力升高区，且以压应力存在为主。上覆岩层有小范围塑性区产生，声发射区域明显减小（图 6.17），相比全部垮落法破坏范围明显缩小，图 6.18 所示顶板下沉量最大值为 30 mm，顶板垂直应力最大值为 21 MPa（图 6.19），煤体侧压力与传统垮落法相比，应力值急剧下降，上覆岩层破坏发展出现减缓趋势，充填体起到支撑上覆顶板岩层作用，围岩上覆顶板压力由煤柱与充填体共同承担，与充填率为 75% 相比较，可以明显得出，充填体顶板下沉量减小，超前支撑压力值降低，随着充填率的增加，整个围岩系统基本稳定，顶板下沉量很小，整个围岩状态向原始应力状态方向发展，对顶板支护效果十分理想，杜绝了因顶板断裂产生的顶板断裂型冲击地压的可能。

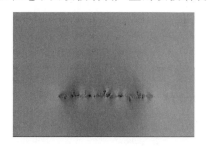

图 6.16　围岩应力变化图

图 6.17　围岩破裂声发射变化图

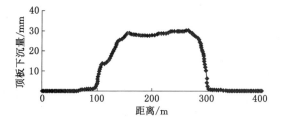

图 6.18　顶板下沉量变化曲线

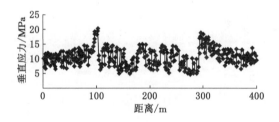

图 6.19　顶板垂直应力变化曲线图

（4）充填率为 95%

如图 6.20 所示，当充填率为 95% 时，在充填区域上方顶板内几乎没有塑性区破坏状态，在充填区的前端煤体内应力升高区所占范围很小，且以压应力存在为主。上覆岩层有小范围塑性区产生，声发射区域只限于充填体内部（图 6.21），顶板没有发生剪切破坏，图 6.22 所示顶板下沉量最大值为 9 mm，顶板垂直应力最大值为 11 MPa（图 6.23），煤体侧压力与传统垮落法相比，应力值急剧下降，上覆岩层破坏发展出现减缓趋势，充填体起到支撑上覆顶板岩层的作用，围岩上覆顶板压力由煤柱与充填体共同承担，与充填率为 85% 相比较，可以明显得出，充填体顶板下沉量减小，超前支撑压力值很小，随着充填率的增加，整个围岩系统基本稳定，顶板下沉量很小，整个围岩状态向原始应力状态方向发展，对顶板支护效果十分理想，杜绝了因顶板断裂产生的顶板断裂型冲击地压的可能。

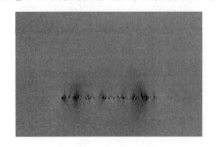

图 6.20　围岩应力变化图　　　　　图 6.21　围岩破裂声发射变化图

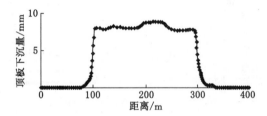

图 6.22　顶板下沉量变化曲线

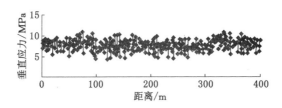

图 6.23　顶板垂直应力变化曲线图

从图 6.24 可以得出,充填回采时工作面上覆岩层活动状态与全部垮落法相比表现极为缓和,顶板下沉量减小,煤壁超前支撑压力值也明显减小。随着充填体压实率的不断增加,工作面前方垂向应力集中程度逐渐减小趋于缓和,且竖向因拉伸破坏产生的拉伸应力慢慢减小直到慢慢消失。充填体自身承受垂直应力逐渐增加,当充填体强度与压实率逐渐变大时,煤体所受垂向应力有逐渐减小恢复的趋势。根据模拟反推可以得到,整个采场应力状态不会发生大的转移,即应力集中现象不会产生,避免顶板断裂型冲击地压的发生。

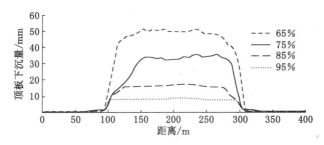

图 6.24　顶板下沉量对比变化曲线

对于具有一定强度的充填体,充填体处聚集的应力小于煤体处集中应力,且远小于原采场煤体位置的应力,而煤壁侧应力受应力转移影响大于原采场相应位置的应力。

6.1.3　煤体压缩型冲击地压充填防治数值模拟研究

6.1.3.1　数值分析模型

（1）传统垮落法

根据工作面的实际情况及模型建立方法,模拟煤层传统垮落法应力分布情况与顶板下沉量情况,模型网格为:长×宽为 400×200,代表 400 000 mm× 200 000 mm,每一个单元格代表 1 000 mm(图 6.25);在 Y 方向加载均布载荷 17.5 MPa,X 方向加零位移和零应力约束。

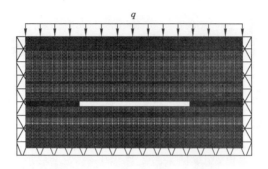

图 6.25　工作面数值模拟网格图

（2）充填采煤防冲法

根据工作面的实际情况及模型建立方法，模拟煤层充填方法防治冲击地压的应力分布情况与顶板下沉量情况，采用充填方法防治顶板断裂型、煤体压缩型、断层错动型冲击地压 3 种方式的治理效果，模型网格为：长×宽为 400×200，代表 400 000 mm×200 000 mm，每一个单元格代表 1 000 mm（图 6.26）；在 Y 方向加载均布载荷 17.5 MPa，X 方向加零位移和零应力约束。

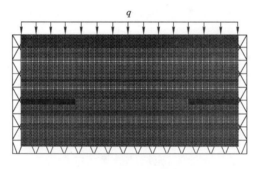

图 6.26　工作面数值模拟网格图

6.1.3.2　传统垮落法围岩应力变化规律分析

受地质构造影响，煤层在原始地应力作用下已处于压缩状态，储存部分弹性能，受采动影响煤体应力重新划分，传统垮落法当遇到顶板岩性较好，强度较大，不容易断裂或者断裂后容易形成悬板结构，煤层采动产生应力转移，受超前支撑压力叠加效应影响，当应力超过煤体抗压强度极限值时造成煤体突然破坏，易发生煤体压缩型冲击地压，对人员及设备造成伤害与损坏。

如图 6.27 至图 6.30 所示，受采空区开挖影响，采空区顶板产生大的悬顶空间，顶板在重力与围岩应力的影响下产生下沉，最大下沉量为 130 mm，受顶板旋转移动影响，围岩应力向煤体侧转移，产生超前支撑压力，造成煤体侧压力急剧增加,最大应力值达到 35 MPa,顶板上层产生离层空间,超前支撑压力影响区域发生煤岩体损伤破坏,煤体破坏后造成应力二次叠加影响,当煤体抗压强度达到极限状态后,发生脆性破坏,造成煤体储存应力突然释放,煤层破碎煤体以高速度抛射而出,对工作面的设备及人员产生高强度击打,严重危及人员生命安全与设备破坏,此现象由于煤岩体应力超过自身极限强度状态而发生的强动力破坏现象,产生煤体压缩性冲击地压。

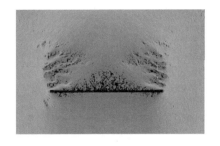 

图 6.27　围岩应力变化图　　　　图 6.28　围岩破裂声发射变化图

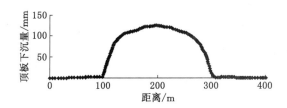

图 6.29　顶板下沉量变化曲线

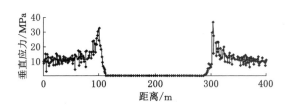

图 6.30　顶板垂直应力变化曲线图

6.1.3.3　充填体和围岩应力变化规律分析

煤层采高为 3 m,充填率为 95％时,充填体的弹性模量为 1 GPa 时,煤层的埋藏深度分别为 400 m、600 m、800 m、1 000 m 时,观测充填回采过程中上覆岩层的运移变形情况及充填回采过程中矿压显现基本规律。

(1)煤层埋深 400 m

如图 6.31 至图 6.34 所示,煤层埋深为 400 m 时,工作面上覆岩层运动与全部垮落法相比,顶板没有离层量产生,从受力云图可以看出,煤体压缩状态区域小,应力值为 10 MPa,顶板下沉量小,下沉量为 9 mm,整个顶板-煤体-底板-充填体系统稳定,未产生大的应力转移,煤体超前支撑压力显现不明显,煤体受超前支撑压力与构造应力叠加影响小,未超过煤体本身抗压强度极限,充填体与煤体所受垂直应力值大小接近,但充填体所受垂直应力值小于原始煤体侧应力,煤体侧应力值大小围绕 8 MPa 上下浮动,充填体所受应力值大小围绕 7 MPa 上下浮动,整个采空区受充填体支撑作用,围岩下沉均匀缓慢,煤体侧顶板下沉量为0,证明受充填体分担应力影响煤体本身抗压强度能够达到支撑上覆顶板,煤体没有因顶板下沉压缩而产生大的塑性区破坏,避免了因煤体强度过高而产生冲击隐患,避免了煤体压缩型冲击地压的发生。

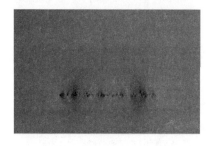 

图 6.31　围岩应力变化图　　　　　图 6.32　围岩破裂声发射变化图

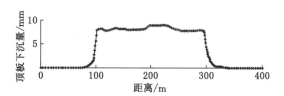

图 6.33　顶板下沉量变化曲线

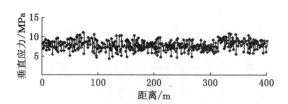

图 6.34　顶板垂直应力变化曲线图

（2）煤层埋深 600 m

如图 6.35 至图 6.38 所示,煤层埋深为 600 m 时,工作面上覆岩层运动与全部垮落法相比,顶板没有离层量产生,从受力云图可以看出,煤体压缩状态区域小,应力值为 18 MPa,顶板下沉量小,下沉量为 30 mm,与埋深 400 m 相比较下沉量有所增加,整个顶板-煤体-底板-充填体系统稳定,未产生大的应力转移,煤体超前支撑压力显现不明显,煤体受超前支撑压力与构造应力叠加影响小,未超过煤体本身抗压强度极限,充填体与煤体所受垂直应力值大小接近,但充填体所受垂直应力值小于原始煤体侧应力,煤体侧应力值大小围绕 8 MPa 上下浮动,充填体所受应力值大小围绕 7 MPa 上下浮动,整个采空区受充填体支撑作用,围岩下沉均匀缓慢,煤体侧顶板下沉量为 0,证明受充填体分担应力影响煤体本身抗压强度能够达到支撑上覆顶板,煤体没有因顶板下沉压缩而产生大的塑性区破坏,避免了因煤体强度过高而产生冲击隐患,避免了煤体压缩型冲击地压的发生。

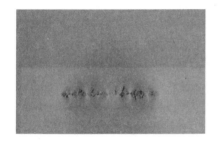

图 6.35　围岩应力变化图

图 6.36　围岩破裂声发射变化图

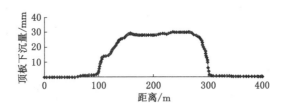

图 6.37　顶板下沉量变化曲线

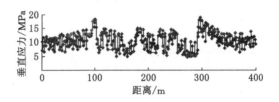

图 6.38　顶板垂直应力变化曲线图

（3）煤层埋深 800 m

如图 6.39 至图 6.42 所示，煤层埋深为 800 m 时，工作面上覆岩层运动与全部垮落法相比，顶板离层量产生，出现小范围塑性区破坏，从受力云图可以看出，煤体压缩状态区域增加，应力值为 21 MPa，顶板下沉量增加，下沉量为 39 mm，整个顶板-煤体-底板-充填体系统稳定，未产生大的应力转移，煤体超前支撑压力增加，但煤体受超前支撑压力与构造应力叠加影响小，未超过煤体本身抗压强度极限，充填体与煤体所受垂直应力值大小接近，但充填体所受垂直应力值小于原始煤体侧应力，煤体侧应力值大小围绕 10 MPa 上下浮动，充填体所受应力大小围绕 9 MPa 上下浮动，整个采空区受充填体支撑作用，围岩下沉均匀缓慢，煤体侧顶板下沉量为 0，证明受充填体分担应力影响煤体本身抗压强度能够达到支撑上覆顶板，煤体没有因顶板下沉压缩而产生大的塑性区破坏，避免了因煤体强度过高而产生冲击隐患，避免了煤体压缩型冲击地压的发生。

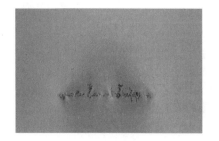
图 6.39　围岩应力变化图

图 6.40　围岩破裂声发射变化图

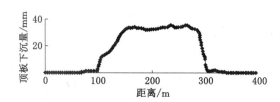
图 6.41　顶板下沉量变化曲线

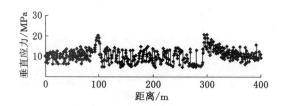
图 6.42　顶板垂直应力变化曲线图

（4）煤层埋深 1 000 m

如图 6.43 至图 6.46 所示,煤层埋深为 1 000 m 时,工作面上覆岩层运动与全部垮落法相比,顶板出现离层,且离层量有所增加,塑性破坏区域明显加大,从受力云图可以看出,煤体压缩状态区域增加,煤体侧应力值升高,应力值达到 23 MPa,顶板下沉量增加,下沉量达到 50 mm,整个顶板-煤体-底板-充填体系统仍处于稳定状态,虽有应力转移,煤体超前支撑压力增加,但煤体受超前支撑压力与构造应力叠加对煤层影响较小,未超过煤体本身抗压强度极限,充填体与煤体所受垂直应力值大小接近,但充填体所受垂直应力值小于原始煤体侧应力,煤体侧应力值大小围绕 11 MPa 上下浮动,充填体所受应力值大小围绕 10 MPa 上下浮动,整个采空区受充填体支撑作用,围岩下沉均匀缓慢,煤体侧顶板下沉量为 0,证明受充填体分担应力影响煤体本身抗压强度能够达到支撑上覆顶板,煤体没有因顶板下沉压缩而产生大的塑性区破坏,避免了因煤体强度过高而产生冲击隐患,避免了煤体压缩型冲击地压的发生。

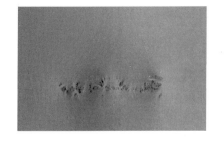

图 6.43 围岩应力变化图

图 6.44 围岩破裂声发射变化图

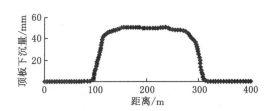

图 6.45 顶板下沉量变化曲线

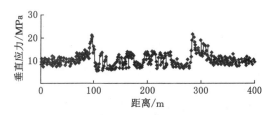

图 6.46 顶板垂直应力变化曲线图

综上所述得到：当充填体强度与充填率达到一定值时，整个围岩系统处于稳定状态，受垂直应力影响，整个充填系统状态所受应力值随深度的加大而逐渐增加，顶板离层量随深度的加大离层逐渐产生，且离层量逐渐增大，围岩应力状态与深度的增加表现出正相关，且应力峰值逐渐加大，出现应力转移现象更为明显，顶板下沉量逐渐增加，400 m、600 m、800 m、1 000 m 时最大应力峰值分别为 10 MPa、18 MPa、21 MPa、23 MPa；对应顶板最大下沉量分别为 9 mm、30 mm、39 mm、50 mm，与传统垮落法相比上覆顶板压力由煤体侧单独承担转为煤体与充填体共同承担，其最大应力值与顶板下沉量均大幅度减小，上覆岩层塑性区破坏量降低，煤体侧顶板下沉量为 0，受充填体共同承担影响，工作面前方煤体所受应力远小于其最大抗压强度，对煤体应力起到了很好的转移保护作用，避免了因煤体应力过高而产生的突然破坏状态，防止煤体压缩型冲击地压的产生。

6.1.4 断层错动型冲击地压充填防治数值模拟研究

6.1.4.1 数值分析模型

（1）传统垮落法

根据工作面的实际情况及模型建立方法，模拟煤层传统垮落法应力分布情况与顶板下沉量情况，模型网格为：长×宽为 400×200，代表 400 000 mm×200 000 mm，每一个单元格代表 1 000 mm（图 6.47）；在 Y 方向加载均布载荷 17.5 MPa，X 方向加零位移和零应力约束。

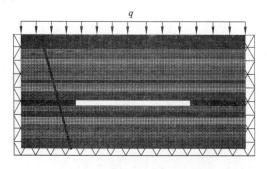

图 6.47 工作面数值模拟网格图

（2）充填采煤防冲法

根据工作面的实际情况及模型建立方法，模拟煤层充填方法防治冲击地压的应力分布情况与顶板下沉量情况，采用充填方法防治顶板断裂型、煤体压缩型、断层错动型冲击地压 3 种方式的治理效果，模型网格为：长×宽为 400×200，代表 400 000 mm×200 000 mm，每一个单元格代表 1 000 mm（图 6.48）；在 Y 方向加载均布载荷 17.5 MPa，X 方向加零位移和零应力约束。

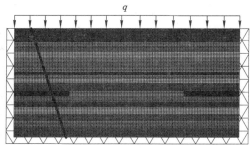

图 6.48 工作面数值模拟网格图

6.1.4.2 传统垮落法围岩应力变化规律分析

传统采煤法当距离断层较近距离时因煤层开挖,产生应力转移,随采空区的扩大,顶板悬露面积增加,悬板长度加大,受岩石自重与上覆围岩应力作用,产生拉伸剪切破坏,上覆岩层随之冒落,随时间的增加,冒落岩层向上垂直方向扩展,受水平地应力作用,岩石横向破坏加剧,围岩产生塑性破坏区域,当破坏区域接近断层区域时,由于断层弱结构区的存在,受断层区域构造影响与采动影响产生的塑性破坏区叠加作用,断层产生活化,系统处于非稳定状态,当受外界扰动影响易产生冲击破坏现象,发生断层错动型冲击地压。

考虑到系统由断层和围岩的上下盘组成,在未采动前,断层带所含介质和围岩上下盘岩体均处于静平衡状态。煤层采动后形成附加剪应力作用于围岩系统,在总应力(附加剪应力和原剪应力)作用下,断层系统围岩发生形变。当开采面远离断层时,系统处于稳定状态。随开采深入,或者工作面的布置距离断层距离较小时,附加剪应力增大。整个变形系统是由断层带的非稳定态和上下盘的稳定态两部分组成。当工作面开采到某一位置时,整个变形系统发生失稳,进而引发断层错动型冲击地压。

断层距离采空区横向距离为 70 m,随着时间的推移,上覆顶板垮落,靠近断层区域,应力明显升高(图 6.49 所示的明亮区域),从图 6.50 所示的声发射示意可以明显得出,断层区域,煤柱已发生塑性破坏,呈贯通状态,靠近断层区域围岩塑性区破坏严重,应力增加,存在冲击安全隐患。采动效应导致覆岩破坏,塑性区裂隙扩展至断层区域,并能够与断层带产生贯通,是断层错动型冲击地压发生的直接原因;上覆岩层破坏应力转移对断层区应力场产生扰动,引起断层系统应力场的改变,致使断层活化是断层错动型冲击地压发生的内在原因。图 6.51 和图 6.52 所示为顶板垂直应力变化曲线和顶板下沉量变化曲线。

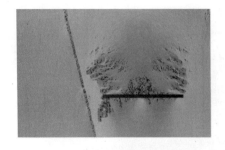
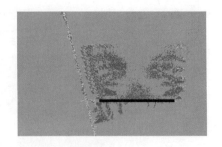

图 6.49 围岩应力变化图 图 6.50 围岩破裂声发射变化图

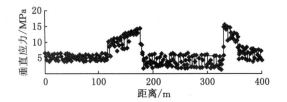

图 6.51 顶板垂直应力变化曲线图

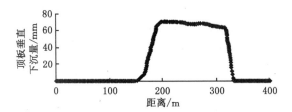

图 6.52 顶板下沉量变化曲线

6.1.4.3 充填体和围岩应力变化规律分析

以下以数值计算的形式,模拟计算断层错动型冲击地压发生机理,采用充填防冲的防治手段进行对冲击地压的防治,模拟整个工作面采空区距断层的水平距离为 70 m 时冲击地压的发生,在相同地质条件、相同受力方式的情况下,采用充填方式治理冲击地压,以此观察充填防治效果,观察上覆顶板围岩垂直应力大小,顶板下沉量情况,充填体受力状态,断层活化情况,煤柱变形破坏状态,以此判断冲击地压防治效果。

(1) 断层煤柱 60 m

充填区域距断层距离为 60 m,即断层保护煤柱为 60 m 宽,采空区两侧出现高应力集中区(图 6.53 中明亮度越高代表应力越高),高应力集中区具有靠近断层的趋势,采空区上覆顶板出现破裂区域,上覆顶板岩层出现小的离层甚至破坏,破坏范围较小,对整个采空区不会产生大的采动影响破坏,从声发射图(图6.54)可以看出,采空区充填体以受压破坏为主,上覆岩层仍有小范围剪切破坏,保护煤柱没有出现破坏现象,断层区域未出现应力集中现象,整个断层系统处于稳定状态,没有冲击危险。

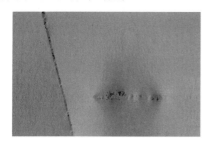

图 6.53　围岩应力变化图

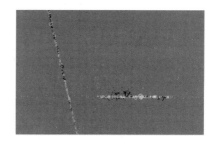

图 6.54　围岩破裂声发射变化图

断层左侧区域 0~120 m 范围内,顶板下沉量为 0,为断层下盘,断层上盘 120 m 到 150 m 距离范围内顶板下沉量为 0,150 m 至 180 m 范围内顶板下沉量逐渐增加,180 m 至 300 m 采空区充填区域顶板下沉量达到最大值,下沉量为 50 mm,之后下沉量逐渐减小,直至 330 m 处下沉量达到最小值为 0;垂直应力显现情况为:断层上盘区域应力显现比较稳定,6 MPa 上下浮动,下盘区域 120 m 开始出现应力增大,170 m 时达到峰值,之后采空区充填区域应力值下降,且整个采空区充填区域压力显现十分稳定,围绕 10 MPa 上下波动,受超前支撑压力影响当超过采空区侧时,煤体内应力出现增长趋势,330 m 以外,应力出现峰值点,之后逐渐下降,原因是受断层影响,断层构造应力与煤体超前支撑压力叠加影响,靠近断层侧超前支撑压力强度峰值要高于 330 m 以外应力峰值强度,采空区充填区域,由于充填体具有可缩性,受充填率影响,能够对上覆顶板产生一定让位空间,间接缓冲了顶板压力,所以出现充填区域应力降低现象,所受压力仍明显低于煤柱所受压力,与传统垮落法相比,煤柱侧超前支撑压力明显减小,最高值为 16 MPa,断层下盘没有活化,采空区上覆顶板未出现断裂现象,煤体侧支撑压力减小,整个系统未出现冲击地压显现现象,避免了冲击地压的产生。如图 6.55 和图 6.56 所示。

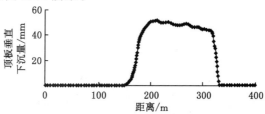

图 6.55　顶板下沉量变化曲线

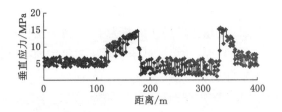

图 6.56 顶板垂直应力变化曲线图

（2）断层煤柱 50 m

充填区域距断层距离为 50 m，即断层保护煤柱为 50 m 宽，采空区两侧出现高应力集中区，并具有靠近断层的趋势（图 6.57），采空区上覆顶板出现破裂区域，上覆顶板岩层出现小的离层甚至破坏，破坏范围较小，对整个采空区不会产生大的采动影响破坏，从声发射图（图 6.58）可以看出，采空区充填体以受压破坏为主，上覆岩层仍有小范围剪切破坏，保护煤柱没有出现破坏现象，断层区域未出现应力集中现象，整个断层系统处于稳定状态，没有冲击危险。

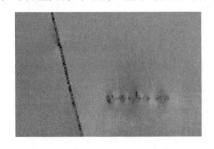

图 6.57 围岩应力变化图

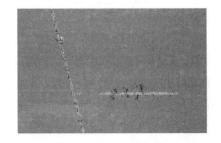

图 6.58 围岩破裂声发射变化图

断层左侧 0～130 m 范围内，顶板下沉量为 0，为断层下盘，断层上盘 130 m 到 160 m 距离范围内顶板下沉量为 0，160 m 至 180 m 范围内顶板下沉量逐渐增加，180 m 至 300 m 采空区充填区域顶板下沉量达到最大值；垂直应力在断层上盘显现比较稳定，6 MPa 上下浮动，下盘区域 120 m 开始出现应力增大，170 m 时达到峰值，之后采空区充填区域应力值下降，且整个采空区充填区域压力显现十分稳定，受超前支撑压力影响当超过采空区侧时，煤体内应力出现增长趋势，330 m 以外，应力出现峰值点，之后逐渐下降，原因是断层构造应力与煤体超前支撑压力叠加影响，靠近断层侧超前支撑压力强度峰值要高于 330 m 以外应力峰值强度，采空区充填区域，由于充填体具有可缩性，能够对上覆顶板产生一定让位空间，间接缓冲了顶板压力，所以出现充填区域应力降低现象。与传统垮落法相比，煤柱侧超前支撑压力明显减小，最高值为

17 MPa,断层下盘没有活化,未出现冲击地压显现现象。如图 6.59 和图 6.60 所示。

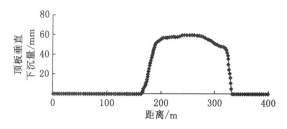

图 6.59 顶板下沉量变化曲线

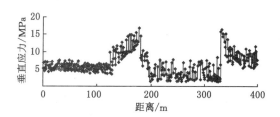

图 6.60 顶板垂直应力变化曲线图

(3)断层煤柱 40 m

充填区域距断层距离为 40 m,即断层保护煤柱为 40 m 宽,采空区两侧出现高应力集中区(图 6.61 中明亮度越高代表应力越高),高应力集中区具有靠近断层的趋势,采空区上覆顶板出现破裂区域,上覆顶板岩层出现小的离层甚至破坏,破坏范围较小,对整个采空区不会产生大的采动影响破坏,从声发射图(图 6.62)可以看出,采空区充填体以受压破坏为主,上覆岩层仍有小范围剪切破坏,保护煤柱没有出现破坏现象,断层区域未出现应力集中现象,整个断层系统处于稳定状态,没有冲击危险。

图 6.61 围岩应力变化图　　　　图 6.62 围岩破裂声发射变化图

断层左侧区域 0～140 m 范围内,顶板下沉量为 0,为断层下盘,断层上盘 140 m 到 165 m 距离范围内顶板下沉量为 0,170 m 至 180 m 范围内顶板下沉量逐渐增加,180 m 至 300 m 采空区充填区域顶板下沉量达到最大值,下沉量为 80 mm,之后下沉量逐渐减小,直至 330 m 处下沉量达到最小值为 0;垂直应力显现情况为:断层上盘区域应力显现比较稳定,6 MPa 上下浮动,下盘区域 165 m 开始出现应力增大,170 m 时达到峰值,之后采空区充填区域应力值下降,且整个采空区充填区域压力显现十分稳定,围绕 7 MPa 上下波动,受超前支撑压力影响当超过采空区侧时,煤体内应力出现增长趋势,330 m 以外,应力出现峰值点,之后逐渐下降,原因是受断层影响,断层构造应力与煤体超前支撑压力叠加影响,靠近断层侧超前支撑压力强度峰值要高于 330 m 以外应力峰值强度,采空区充填区域,由于充填体具有可缩性,受充填率影响,能够对上覆顶板产生一定让位空间,间接缓冲了顶板压力,所以出现充填区域应力降低现象,所受压力仍明显低于煤柱所受压力,与传统垮落法相比,煤柱侧超前支撑压力明显减小,最大值为 23 MPa,断层下盘没有活化,采空区上覆顶板未出现断裂现象,煤体侧支撑压力减小,整个系统未出现冲击地压显现现象,避免了冲击地压的产生。如图 6.63 和图 6.64 所示。

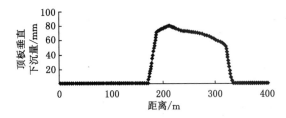

图 6.63　顶板下沉量变化曲线

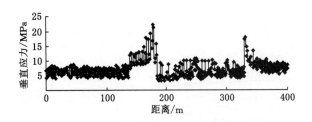

图 6.64　顶板垂直应力变化曲线图

(4) 断层煤柱 30 m

充填区域距断层距离为 30 m,即断层保护煤柱为 30 m 宽,采空区两侧出现高应力集中区,高应力集中区具有靠近断层的趋势(图 6.65),采空区上覆顶板出现破裂区域,上覆顶板岩层出现小的离层甚至破坏,破坏范围较小,对整个采空区不会产生大的采动影响破坏,从声发射图(图 6.66)可以看出,采空区充填体以受压破坏为主,上覆岩层仍有小范围剪切破坏,保护煤柱没有出现破坏现象,断层区域未出现应力集中现象,整个断层系统处于稳定状态,没有冲击危险。

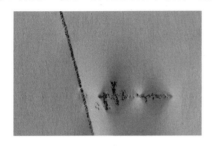 

图 6.65　围岩应力变化图　　　　图 6.66　围岩破裂声发射变化图

断层左侧区域 0~150 m 范围内,顶板下沉量为 0,为断层下盘,断层上盘 150 m 到 170 m 距离范围内顶板下沉量为 0,170 m 至 180 m 范围内顶板下沉量逐渐增加,180 m 至 300 m 采空区充填区域顶板下沉量达到最大值,下沉量为 90 mm,之后下沉量逐渐减小,直至 330 m 处下沉量达到最小值为 0;垂直应力显现情况,断层上盘区域应力显现比较稳定,7 MPa 上下浮动,下盘区域 170 m 开始出现应力增大,175 m 时达到峰值,之后采空区充填区域应力值下降,且整个采空区充填区域压力显现十分稳定,围绕 8 MPa 上下波动,受超前支撑压力影响当超过采空区侧时,煤体内应力出现增长趋势,330 m 以外,应力出现峰值点,之后逐渐下降,原因是受断层影响,断层构造应力与煤体超前支撑压力叠加影响,靠近断层侧超前支撑压力强度峰值要高于 330 m 以外应力峰值强度,采空区充填区域,由于充填体具有可缩性,受充填率影响,能够对上覆顶板产生一定让位空间,间接缓冲了顶板压力,所以出现充填区域应力降低现象,所受压力仍明显低于煤柱所受压力,与传统垮落法相比,煤柱侧超前支撑压力明显减小,最大值为 28 MPa,断层下盘没有活化,采空区上覆顶板未出现断裂现象,煤体侧支撑压力减小,整个系统未出现冲击地压显现现象,避免了冲击地压的产生。如图 6.67 和图 6.68 所示。

综合分析可以得出:

传统采煤法的预留设煤柱尺寸为 70 m;从本节图中可以看出煤柱区域出现塑性破坏区,且煤柱已构成贯通状态,断层下盘侧煤层上覆顶板下沉量大,整个断层破碎介质区域出现活化现象,已形成冲击危险状态,对采矿安全产生极大

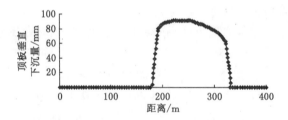

图 6.67　顶板下沉量变化曲线

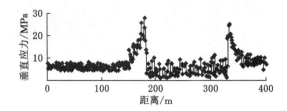

图 6.68　顶板垂直应力变化曲线图

隐患。

　　采用充填防治冲击地压能够取得十分理想的效果,当采空区充填区域距离断层越近,超前支撑压力越大,顶板下沉量越大,充填区域距离断层距离分别为 60 m、50 m、40 m、30 m 时对应的超前支撑压力最大值分别为 16 MPa、17 MPa、23 MPa、28 MPa,顶板最大下沉量分别为 50 mm、60 mm、80 mm、90 mm;与传统垮落法相比顶板下沉量与围岩受力状态均大幅度减小,顶板应力集中程度明显降低,充填体与煤柱共同承担上覆岩层重量,对整个断层系统的刚度起到了很好的调节作用,能够起到防冲效果。

6.2　巷旁充填防治冲击地压数值模拟研究

　　对传统保护煤柱开采研究发现,随着巷道挖掘后,煤体与煤柱在上覆顶板的压力作用下往往表现出"鼓帮"现象,随工作面的推进端头支护后方保护煤柱出现压溃现象,这就为工作面前方平巷煤壁与保护煤柱集聚弹性势能提供了良好的形成条件,当煤壁积聚势能达到极限状态时,一旦遇到外界扰动,冲击地压就会发生,保护煤柱压溃损坏,平巷断面迅速收缩,造成人员伤亡与设备损坏。

　　巷旁充填能够很好地解决上述问题,巷旁充填体由两部分组成,上部缓冲吸能部分与下部强支护部分组成"弱-强"结构,根据充填体作用机理可以知道,充填体初期必须提供一定的初撑力,随着上覆顶板的移动变形,巷旁充填体上部缓冲吸能部分表现出较大压缩变形,起到让位缓冲的效果,当达到极限弹性状态的煤体受到外界扰动后发生冲击地压,此时巷旁充填即可收缩,吸收顶板冲击能,达到防冲之目的。

6.2.1 数值分析模型

数值模拟采用美国明尼苏达大学与美国 Itasca Consulting Group Inc. 开发的三维有限差分法数值模拟计算程序 FLAC^{3D}进行模拟(图 6.69),以六面块体网格(brick)为模型的基本组成单元分步建模,在关注的留巷区域适当加大网格密度。

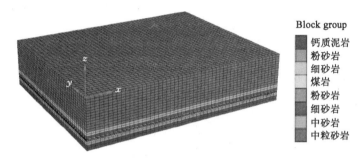

图 6.69 FLAC^{3D}数值模拟模型图

集贤煤矿二片下料道沿 9♯煤层顶板掘进,属于半煤岩巷,巷道沿顶板中线掘进,设计掘进工程量为 10 144 m,受断层影响,实际掘进巷道长度为 768 m,煤层直接顶为中砂岩,灰白色,有裂隙发育,厚度为 1.7 m,基本顶为黑灰色粉砂岩,厚度为 2.6 m,煤层直接底板为灰白色细砂岩,厚度为 0.6 m;基本底为灰黑色粉砂岩,厚度为 3.3 m。工作面煤层平均厚度为 1.6 m,平均倾角为 10°,中间含一层 0.08 m 的细粉砂岩。采用一次采全高的采煤方式,模型边界取工作面宽度为 120 m 进行开挖运算。回采过程中在轨道平巷实施原位巷旁充填沿空留巷,巷道尺寸为宽 4.0 m、高 2.55 m,巷旁支撑体尺寸为宽 2 m、高 2 m,充填长度为平巷长度。

模型的边界条件:根据黑龙江双鸭山矿业集团集贤煤矿生产地质条件,将模型共划分为 8 层,共计 342 000 单元,446 515 个节点组成,模拟巷道断面尺寸为长×宽×高分别为 500 m×400 m×100 m,工作面采高为 1.6 m,工作面开采宽度为 120 m,充填体采用混凝土水泥砌块,随工作面的回采随时构筑充填体,充填体宽高比为 1,模型底面边界垂直位移约束,四周水平位移约束,埋深为700 m,上边界施加载荷 15 MPa,侧压系数取 1。

巷道位置坐标为 175~180,充填体位置坐标为 173~175,坐标大于 175 为第 2 个工作面开采范围,坐标小于 180 为第 1 个工作面开采范围;X 坐标为正表示在工作面的前方(沿巷道轴向)。

参数的选取采用位移反分析法,为使计算模拟与工程实际围岩变形相吻合,在模拟过程中对各项参数反复调节,最后确定力学参数如表 6.4 所示。

表 6.4 岩层分布与力学参数

岩性	密度 /kg·m^{-3}	体积模量 /GPa	剪切模量 /GPa	内摩擦角 /(°)	内聚力 /MPa
钙质泥岩	2 891	5.62	1.9	26	1.6
粉砂岩	2 630	5.0	3.8	35	1.52
细砂岩	2 374	2.7	1.6	35	3.3
煤层	1 430	1.1	4.6	28	0.9
中砂岩	2 580	3.3	2.49	37	3.15
中粒砂岩	2 560	18.6	21.9	36	3.5

本数值模拟过程为:第一步:根据实际建立模型;第二步:计算原始应力场;第三步:实施巷道开挖;第四步:回采第一个工作面并沿空留巷巷旁充填;第五步:回采第二个工作面;第六步:计算结果输出处理。

煤系地层在地质力学作用下节理裂隙发育,具有显著的力学性质,即岩体在剪应力下屈服或破坏,而抗拉强度很小或基本不具备抗拉性能。煤层与充填体采用应变软化模型,其余岩体采用 Mohr-Coulomb 屈服准则。

为检测沿空留巷巷道围岩变化规律,分析上覆顶板、煤体与充填体位移变化与应力变化规律,在工作面前方 40 m 位置开始设立监测点,针对模拟能够符合井下实际生产情况,采用分步开挖的研究过程,模拟实际生产四六制采煤循环作业,三班生产,一班检修,每班割煤两刀,日推进速度为 4.8 m/d,模型每次开挖 1.6 m,共开挖 100 次,模拟工作面回采 160 m。

6.2.2 巷旁充填围岩应力变化规律分析

煤层开采后引发采场上覆顶板岩层大规模运移使其应力持续调整,从而形成新的采动应力场。处于不断调整状态的采动应力场分布形态是由围岩体强度、围岩承载能力及其变形之间相互协调作用的结果,岩体应力转移过程是由岩体动态变形破裂导致的,掌握围岩采动应力变形演化过程是分析巷旁充填成功与否关键。实施巷旁充填防冲的过程,是采煤工作面不断推进、采空区上覆顶板不断断裂回转下沉、侧方煤岩体不断承压变形蓄能、充填体压缩让位的过程,这四者组成的空间结构应力演化与分布规律是本章节研究的重点。

6.2.2.1 上工作面围岩应力演化规律

以下图例(图 6.70 至图 6.75)为第一工作面开采后后方采空区布置巷旁充填示意,应力云图取自工作面后方 15 m 处,沿工作面倾向布置,为使应力云图得到清晰形象效果,对巷旁充填体处进行放大取图,可以清晰地反映充填体附近围岩应力变化规律、受力位移变化状态。

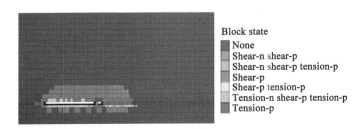

图 6.70 上工作面开挖塑性区分布图

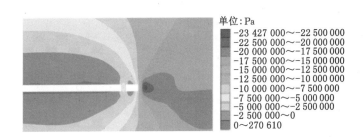

图 6.71 上工作面后方垂直应力分布图

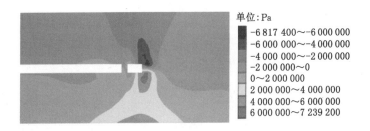

图 6.72 上工作面后方剪应力图

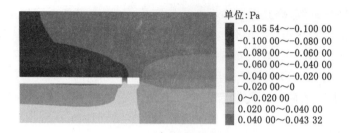

图 6.73 上工作面后方垂直位移分布图

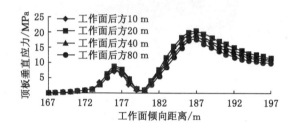

图 6.74 滞后工作面顶板垂直应力

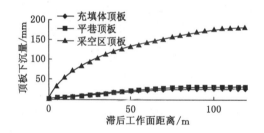

图 6.75 滞后工作面顶板下沉量

巷道开挖后,煤岩体应力发生重新分布,在巷道两帮外产生侧向支撑压力,侧向支撑压力的分布分为以下三个区域:

(1)应力降低区:在侧向支撑压力的作用下,巷道及煤体浅部边缘首先发生变形破坏,煤体产生塑性破坏应力降低,形成应力降低区,深度约 3～4 m 之内,此时巷道上方产生应力最小值,为 1～2 MPa。

(2)应力增高区:煤体外浅部边缘产生破裂损坏,受上覆顶板作用,应力向煤体深部转移,逐渐形成倾向的应力增高区,此时深度大约位于煤体深部 4～30 m 范围内,支撑压力的峰值位置位于巷道两帮实体煤与煤柱中 5 m 处,由于应力重新分配持续时间的增长,支撑压力逐渐增加。

(3)原岩应力区:当支撑压力超过峰值强度以后,随着对巷道的远离,支撑压力随之减弱,当转移到煤岩体深部一定值时支撑压力消失,此时煤岩体进入原始应力状态,即原岩应力区。

随着工作面的开挖,工作面采空区周围出现大量塑性破坏区域,随着时间的增大,充填体逐渐压实,从垂直应力云图可以得出,围岩所受应力转移,靠近煤体侧应力最大,其深度约 6 m,最大应力达到 20 MPa,煤体侧以压应力为主,充填体以压应力为主,采空区与顶板以拉伸破坏为主,剪应力处以巷道靠近煤体肩窝处与底角处所受应力最大,需要加强支护,围岩移动变形采空区侧应力最大,充填体受到上覆顶板压力作用,产生位移,由于采空区形成悬板结构,受侧向支撑压力叠加作用易对工作面平巷侧产生应力集中危险,需要进行强支护或实施切顶措施,当充填体强度足够大时能够起到切顶作用,能够避免应力集中的产生。

顶板应力集中处位于巷旁充填体与煤体侧,受巷旁充填体让位作用应力集中处以煤体侧增大为主,采空区与巷道侧应力最小,靠近煤壁侧 6 m 左右应力达到峰值状态,后向煤体内部应力逐渐减小趋于原岩应力状态,充填体侧应力峰值位于充填体中部位置,受充填体让位作用,充填体侧所受应力远小于煤体侧最大支撑压力,以工作面后方 10 m、20 m、40 m、80 m 处监测点为检测对象,检测工作面后方采空区上覆顶板围岩应力变化规律,工作面后方 10 m 处,上覆顶板应力值较小,受充填体构筑时间与上覆顶板悬顶产生应力叠加影响,承受应力值较小,为 9 MPa 左右,工作面后方 20 m 处顶板应力值达到最大,巷旁充填体侧最大值为 10 MPa,煤体侧最大应力值为 21 MPa,滞后 40 m 处应力值逐渐减小,充填体侧应力值为 8.5 MPa,滞后 80 m 处应力值继续减小,充填体侧峰值为 8 MPa,煤体内部值为 17 MPa,随着滞后工作面距离的增加,应力值逐渐减小。受垮落矸石压实、充填体支撑作用与围岩下沉稳定影响,随着滞后距离的加大,应力峰值降低幅度增加。从滞后工作面顶板下沉量曲线图可以得出,取滞后工作面 120 m 范围内研究,采空区顶板下沉量最大,0～30 m 范围之内顶板下降速度最大,之后逐渐减缓,到 80 m 范围时顶板下沉量趋于稳定,最大下沉量为 180 mm;平巷顶板与充填体顶板下沉量趋于相同,最大下沉量为 20 mm,受上覆顶板构造影响,随着工作面的推进后方采空区岩层逐渐垮落压实,侧向支撑压力逐渐向煤体深部转移,受充填体支撑与让位作用,顶板下沉量逐渐减缓,可以得出随着滞后工作面距离的增加,围岩变形趋于稳定,顶板垂直应力与下沉量基本不变,证明了实体煤与巷旁充填的支撑作用能够很好地保持巷道的稳定。

6.2.2.2 下工作面围岩应力演化规律

以下图例(图 6.76 至图 6.81)为第二工作面开采后前方沿倾向布置巷旁充

填示意,应力云图取自工作面前方 15 m 处,沿工作面倾向布置,为使应力云图得到清晰形象效果,对巷旁充填体处进行放大取图,可以清晰地反映充填体附近围岩应力变化规律,受力位移变化状态。

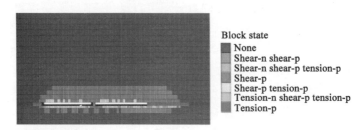

图 6.76　下工作面开挖塑性区分布图

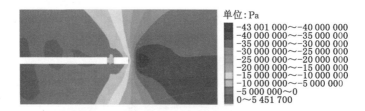

图 6.77　下工作面前方垂直应力分布图

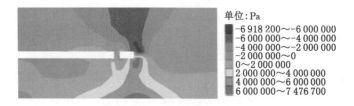

图 6.78　下工作面前方剪应力图

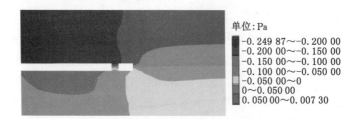

图 6.79　下工作面前方垂直位移分布图

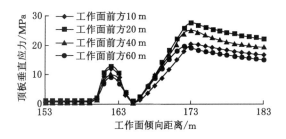

图 6.80 超前工作面顶板垂直应力

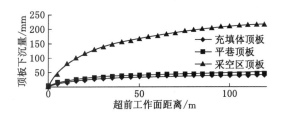

图 6.81 超前工作面顶板下沉量

随着第二个工作面的开挖,工作面采空区周围出现大量塑性破坏区域,随着时间的增大,充填体逐渐压实,从垂直应力云图可以得出,围岩所受应力转移,靠近煤体侧应力最大,其深度约 6 m,最大应力达到 28 MPa,煤体侧以压应力为主,充填体以压应力为主,采空区与顶板以拉伸破坏为主,剪应力处以巷道靠近煤体肩窝处与底角处所受应力最大,需要加强支护,围岩移动变形采空区侧应力最大,充填体受到二次采动影响,在上覆顶板压力作用下产生压缩变形,由于采空区形成悬顶结构,受超前支撑压力与侧向支撑压力叠加作用易对工作面平巷侧产生应力集中危险,需要进行强支护或实施切顶措施,当充填体强度足够大时能够起到切顶作用,能够避免应力集中的产生。

顶板应力集中处位于巷旁充填体与煤体侧,受巷旁充填体让位作用应力集中处以煤体侧增大为主,采空区与巷道侧应力最小,靠近煤壁侧 6 m 左右应力达到峰值状态,后向煤体内部应力逐渐减小趋于原岩应力状态,充填体侧应力峰值位于充填体中部位置,受充填体让位作用,充填体侧所受应力远小于煤体侧最大支撑压力,以工作面前方 10 m、20 m、40 m、60 m 处监测点为检测对象,检测工作面后方采空区上覆顶板围岩应力变化规律,受超前支撑压力与侧向支撑压力叠加影响工作面前方 10 m 处,上覆顶板应力值较大,达到 13 MPa 左右,工作面后方 20 m 处顶板应力值达到最大,巷旁充填体侧最大值为 13 MPa,煤体侧最大应力值为 28 MPa,滞后 40 m 处应力值逐渐减小,充填体侧应力值为 10 MPa,

滞后 60 m 处应力值继续减小,充填体侧峰值为 9 MPa,煤体内部值为 20 MPa,随着超前工作面距离的增加,应力值逐渐减小,超前支撑压力影响范围逐渐减小,围岩应力逐渐向煤体深部转移,应力峰值降低幅度增加。从超前工作面顶板下沉量曲线图可以得出,取超前工作面 120 m 范围内研究,采空区顶板下沉量最大,0~30 m 范围之内顶板下降速度最大,之后逐渐减缓,到 80 m 范围时顶板下沉量趋于稳定,最大下沉量为 220 mm;平巷顶板与充填体顶板下沉量趋于相同,最大下沉量为 40 mm,受上覆顶板构造影响,随着工作面的推进前方煤体、充填体结构逐渐受超前支撑压力影响,随着超前工作面距离的增加,围岩变形趋于稳定,顶板垂直应力与下沉量基本不变,证明了实体煤与巷旁充填的支撑作用仍能够很好地保持巷道的稳定。

    沿空留巷的稳定不仅取决于巷道外部的力学环境,还与巷道支护结构的适应性相关,留巷支护结构由巷道顶板锚固结构、底板无锚岩体结构、实体煤帮锚固结构和充填柱墙组成,大量工程实践表明,充填柱墙的变形与破坏存在着明显的非平衡现象,充填柱墙的稳定性对围岩的变形破坏起到决定性的作用。如图 6.82 所示。

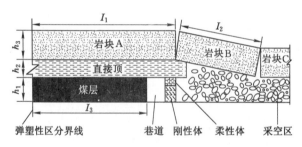

图 6.82　充填柱墙巷道围岩结构模型

    上部直接顶和充填体共同承受关键岩块 B 的给定变形。充填体采用分层组合结构设计,吸能缓冲部分能够吸收顶板能量,适应关键岩块 B 断裂回转下沉,从而保证了人造帮与顶底板之间能够协调变形,最主要是当冲击地压发生时能够快速让位吸能,保护巷道的整体性;强支护部分主要起支撑上方围岩的作用,在顶板前期运动与后期稳定后提供一定的支护阻力。

    研究发现传统巷旁充填上覆坚硬顶板岩梁运动可以分为三个阶段,即:

    (1)坚硬顶板岩梁旋转下沉至断裂阶段,小结构形成与平衡期;

    (2)坚硬顶板岩梁断裂后快速下沉至岩梁触矸阶段,大结构形成与稳定期;

    (3)坚硬顶板岩梁触矸阶段至稳定阶段,上部岩层平行下沉期,巷旁充填支护体能够起到承载作用。

综上分析得到：采空区周围均出现较大范围塑性破坏区域，受采动影响，工作面应力出现转移，垂直应力高应力集中区域位于巷道一侧煤体内部，剪切应力最大值位于煤体侧巷道上顶角与下底角处，巷道系统位移最大值位于采空区顶板处，充填体位移与巷道顶板位移变化同步，整个系统顶板应力增高区域出现两处，分别位于充填体上方与侧方煤体内，受支撑压力影响，第一工作面后方充填体与第二工作面前方充填体顶板下沉量均逐渐增加。

第一工作面回采时期，工作面后方采空区布置巷旁充填体，随着上覆顶板运动，围岩应力始终处于调整状态，采空区顶板垮落，后方巷道系统由煤体-充填体-顶板-底板构成，上覆岩层所受重量由煤体与充填体共同承担，受侧向采空区岩层断裂影响，充填体在让位的基础上提供初撑力，受顶板旋转运动影响，充填体所受应力逐渐增加，受一次采动影响，侧向支撑压力逐渐向煤体内部转移，当充填体提供足够充填强度时，整个巷道围岩系统处于稳定状态，当下一工作面回采，即第二工作面采动时，受二次采用超前支撑压力与侧向支撑力叠加作用的影响，充填体二次承重，二次采动超前巷道侧应力与顶板下沉量均大于第一次采动影响，于第一次采动相比较顶板垂直应力增加，剪应力增大，顶板垂直位移量增加，顶板应力值巷旁充填体侧由 10 MPa 增加至 13 MPa，煤体侧最大应力值由 21 MPa 增大到 28 MPa，充填体最大下沉量由 20 mm 增加至 40 mm，采空区侧顶板下沉量由 180 mm 增加至 220 mm。

巷旁充填支护结构作为巷旁支护体，在顶板运动前期能够提供一定的初撑力，切断外部采空区顶板岩梁，起到切顶断梁的作用；同时具有让位可缩性，允许上覆顶板岩层产生一定位移，释放顶板初期弹性能；在后期支护过程当中，基本顶发生断裂弹性能瞬间释放转化为岩层移动动能，通过铰接岩块传递作用，作用于巷道与围岩，此时吸能缓冲部分瞬间收缩吸能，吸收直接顶运动产生的动能，达到治理冲击地压目的。

6.3 巷旁充填防治冲击地压相似材料模拟研究

6.3.1 相似材料模拟方案

6.3.1.1 实验目的

本实验以黑龙江双鸭山矿业集团集贤煤矿西二采区二片煤层开采为研究对象，通过上覆岩层移动垮落特点和围岩应力分布规律模拟研究，验证沿空留巷巷旁充填防治冲击地压的效果。

6.3.1.2 实验仪器及设备

实验设备:XKY021型应变桥智能数据采集仪,电脑,YHD-50型位移计,数据转换仪,P20R-17型预调平衡箱,YJD-17型静动态电阻应变仪,压力盒,采集仪,回油装置(千斤顶)-稳压器,泵站,墨盒,线,捣实锤,铁锹,电子秤,水桶,水盆,散斑采集成像系统,模型支架,模型架油压泵,数字散斑摄影系统,数字高速静态应变仪,稳压器。

相似模拟采用辽宁工程技术大学力学与工程学院实验室平面模型支架(图6.83),长×宽×高＝1.2 m×1.2 m×0.2 m。试验支架带有油压加载系统,上部与侧向均可加载,通过稳压器进行油压输入进行加载。

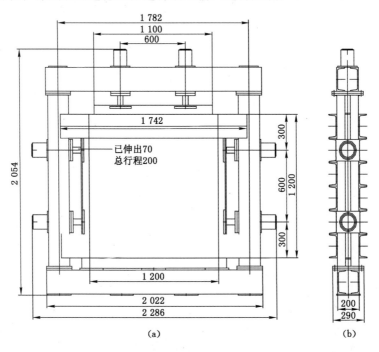

(a)   (b)

图 6.83　模型支架设计图

(a) 模型正视图;(b) 模型侧视图

6.3.1.3 岩层相似材料的选取原则

选取材料物理力学性能相似,力学性能指标稳定;力学性能指标可通过配比的不同选择而进行改变;模型建立实施方便。根据此原则,本相似材料选取以下几种材料:

骨料:细粒河砂(粒径小于 3 mm);胶结材料:石膏、石灰;分层材料:云母粉。如图 6.84 所示。

图 6.84 岩层相似实验材料

(a) 河砂;(b) 石膏粉;(c) 石灰;(d) 水

6.3.1.4 充填体相似材料的选取

充填体选取高密度、低密度泡沫与海绵 3 种材料,对此 3 种不同材料进行力学性能测试,选取矿用原生水泥砌块充填体的压实试验曲线,根据力学相似比计算出相似模型所用的应力-应变理论计算值,对照相似材料应力-应变曲线,选取合适的实验相似材料。

在这 3 种相似充填体模型材料中,分别为高密度泡沫 1#,高密度泡沫 2#、低密度泡沫 3#、低密度泡沫 4#、海绵 5#、海绵 6# 的力学性能曲线,由试验曲线可以看出随应力的增加应变呈持续增长的趋势,与所使用充填体的力学性能相差很大,6# 材料力学应力-应变曲线与理论值较为接近,非常适合作为相似材料模拟实验。如图 6.85 所示。

6.3.1.5 相似模拟实验设计

(1) 地质条件

实验以黑龙江双鸭山矿业集团集贤煤矿西二采区二片煤层开采为模拟实验地点,工作面煤层平均厚度为 1.66 m,采高为 1 m,垂深为 600~650 m。有效走向长度为 724 m,采长为 120 m。工作面施工西二采区二片煤层,属薄煤层,赋存比较稳定,煤层结构简单,倾角为 10°,平均为 9.5°。煤层直接顶为中砂岩,厚

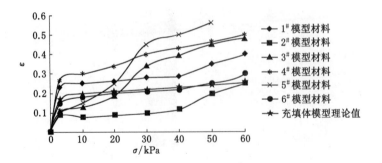

图 6.85　充填体压实材料相似曲线图

度为 1.7 m,基本顶为细粉砂岩,厚度为 12.7 m,底板为细砂岩,厚度为 0.6 m,上覆岩层为黏土层,厚度为 38～53.4 m。岩层分布及其物理参数见表 6.5。

表 6.5　岩层分布及其物理参数表

序号	岩性		真厚 /m	容重 /kg·m⁻³	抗压强度 /MPa	抗拉强度 /MPa
15	粉砂岩	粉砂岩	6.00	2 500	53.8	1.96
14	细砂岩	细粒砂岩	2.00	2 600	84.3	4.3
13	粉砂岩	粉砂岩	0.50	2 500	53.8	1.96
12	互层	粉砂岩	2.50	2 500	53.8	1.96
11	细砂岩	细粒砂岩	3.10	2 600	84.3	4.3
10	粉砂岩	粉砂岩	3.90	2 500	53.8	1.96
9	细砂岩	细粒砂岩	0.70	2 600	84.3	4.3
8	粉砂岩	粉砂岩	2.30	2 500	53.8	1.96
7	中砂岩	中粒砂岩	3.20	2 580	70.0	3.5
6	粉砂岩	粉砂岩	2.60	2 500	53.8	1.96
5	中砂岩	中粒砂岩	1.70	2 580	70.0	3.5
4	9 层煤	9 层煤	1.51	1 380	8.66	1.7
3	细砂岩	细粒砂岩	0.60	2 600	84.3	4.3
2	粉砂岩	粉砂岩	3.30	2 500	53.8	1.96
1	粉砂岩	粉砂岩	2.90	2 500	53.8	1.96

具体煤层顶底板条件为:

西二采区为 9# 煤层,平均倾角为 10°,直接顶为中砂岩,灰白色,中部裂隙发育,厚度为 1.7 m;基本顶为灰黑色粉砂岩,厚度为 2.6 m。直接底板为灰白色细砂岩,厚度为 0.6 m;基本底为灰黑色粉砂岩,厚度为 3.3 m。煤层厚度平均为 1.1 m,平均倾角为 10°,中间含一层 0.15 m 的细粉砂岩,煤层具有弱冲击倾向性,工作面地层整体为单斜构造。

(2) 相似条件

根据模拟实际开采长度与煤层的埋藏深度,本次的实验采用 1.5 m 长、1.5 m 高、0.2 m 宽的模型架。模拟煤层的埋深为 600 m,模型共设置 15 个岩层,岩层厚度较小或岩性相近者按同一岩层计算,模型比例为 1∶200,模型顶板高度为 1 m。

(3) 模型材料的配比原理

模型材料配比的理论根据是相似三定律。

(4) 模型设计

根据集贤煤矿西二采区二片煤层柱状图、岩石物理力学性质等地质资料以及模型架尺寸,依据相似原理,确定几何比为 1∶200,容重比为 1∶1.7,强度比为 1∶340,时间比为 1∶14。

选取影响模型与原型的主要指标,采用强度指标压应力和拉应力(间接考虑变形指标、弹性模量和泊松比)作为原型和模型相似的主要指标。

由表 6.6 中查出与表 6.7 相接近的模型强度值。

表 6.6　砂子、石灰、石膏相似材料配比表

| 配比号 | 材料配比 | | | | 抗压强度 /×10⁻² MPa | 抗拉强度 /×10⁻² MPa | 视密度 /g·cm⁻³ | 备注 |
| | 砂胶比 | 胶结物 | | 水分 | | | | |
		石灰	石膏					
337	3∶1	0.3	0.7	1/9	36.80	4.40	1.5	
355		0.5	0.5	1/9	25.20	2.8	1.5	
373		0.7	0.3	1/9	14.12	1.9	1.5	
437	4∶1	0.3	0.7	1/9	28.70	2.9	1.5	
455		0.5	0.5	1/9	21.41	2.5	1.5	
473		0.7	0.3	1/9	13.43	2.5	1.5	采用石英砂
537	5∶1	0.3	0.7	1/9	17.71	2.86	1.5	
555		0.5	0.5	1/9	13.65	1.96	1.5	
573		0.7	0.3	1/9	6.89	0.97	1.5	
637	6∶1	0.3	0.7	1/9	3.17	0.42	1.5	
655		0.5	0.5	1/9	0.90	0.086	1.5	
673		0.7	0.3	1/9	0.76	0.064	1.5	

表 6.7　岩层指标换算表

岩层名称	岩石强度/MPa		模型强度/×10⁻² MPa		配比号
	抗压	抗拉	抗压	抗拉	
砂质泥岩	21.3	1.5	6.3	0.4	573
泥岩	22	1.8	6.5	0.5	573
细粒砂岩	84.3	4.3	24.8	1.3	355
中粒砂岩	70.0	3.5	20.1	1.0	455
粉砂岩	58.3	1.96	17.1	0.6	537
煤	8.66	1.7	2.5	0.5	637

材料用量的计算以模型分层为单位,每一模拟层为一计算单元,结合相似比,计算出各模拟层材料所用量。取材料损失系数为 1.2。

模型的加载值:本次试验,模拟岩层上边界距地表的平均累深为 600 m,由于实验装置模拟的高度有限,剩余上覆岩层采用油压千斤顶进行补偿加载。

(5) 监测点布置

位移监测点的布置:在各岩层中设置相应数量位移观测点,以此观测煤层回采过程中覆岩运移规律。为准确找到三带发育高度、裂隙的分布规律,设置多层位移观测点,同层间观测点间距等距布设,在岩层中设置位移观测点。模型设置 8 层 99 个观测点,同层观测点水平等距布设,从下至上等距布设,水平间距 10 cm,竖直间距 10 cm。相似材料的配比及各层材料的用量见表 6.8。

表 6.8　相似材料的配比及各层材料的用量

序号	岩层名称	模型厚度/cm	累计厚度/cm	模型厚度/cm	材料质量/kg	配比号	各相似材料用量/kg			
							石英砂	石灰	石膏	水
14	粉砂岩	3	3	3.75	16.2	537	13.5	0.81	1.89	1.8
13	细砂岩	1	4	1.25	5.4	355	4.05	0.68	0.68	0.6
12	互层	1.5	5.5	1.88	8.1	537	6.75	0.41	0.95	0.9
11	细砂岩	1.5	7	1.88	8.1	355	6.075	1.01	1.02	0.9
10	粉砂岩	1.95	8.95	2.44	10.5	537	8.775	0.53	1.23	1.17
9	细砂岩	0.35	9.3	0.44	1.9	355	1.412	0.24	0.24	0.21
8	粉砂岩	1.15	10.45	1.44	6.2	537	5.18	0.31	0.73	0.69
7	中砂岩	1.6	12.05	2.00	8.6	455	6.912	0.87	0.87	0.96
6	粉砂岩	1.3	13.35	1.63	7.0	537	5.85	0.36	4.92	0.78

表 6.8(续)

序号	岩层名称	模型厚度/cm	累计厚度/cm	模型厚度/cm	材料质量/kg	配比号	各相似材料用量/kg			
							石英砂	石灰	石膏	水
5	中砂岩	0.85	14.2	1.06	4.6	455	3.672	0.46	0.46	0.51
4	9层煤	0.755	15	0.95	4.1	637	3.49	0.18	2.85	0.453
3	细砂岩	0.3	15.3	0.38	1.6	355	1.215	0.2	0.2	0.18
2	粉砂岩	1.65	16.95	2.06	8.9	637	7.64	0.13	6.24	0.99
1	粉砂岩	1.45	18.4	1.81	7.8	537	6.525	0.39	5.48	0.87

(6) 模型制作

首先将模型反面板安装固定,划好建模尺寸线。

然后安装正面模板到合适高度,第一阶段建模准备开始。

根据相应计算量称取各配料,将配料倒入搅拌器内混合均匀,按照实验要求将配比材料放入模型支架中进行平整捣实,模型层厚 2 cm 左右,间隔距离 3～5 cm 划取自然裂隙,后撒入云母片。

依照以上安装原则实施安装组建,直至达到设计要求停止,开启液压装置进行上覆加压。

模型制作完毕后进行干燥稳定,当达到实验要求后开始安装位移测点进行准备回采实验。

(7) 实验步骤

① 安装散斑摄像机,调试摄像位置,连接电脑,调试软件。

② 连接压力盒与智能数字应变仪。

③ 准备好一切后开始挖好开切眼。

④ 每开挖一步后,做好以下观测记录:

a. 开挖距离;

b. 移测点下沉量;

c. 上覆岩层垮落度;

d. 裂隙(破断、离层)发育情况;

e. 应力测点的应力值。

⑤ 摄下相应时刻模型图,绘出素描图。

⑥ 重复上述过程,直至开挖完毕。

煤层形成于特定的岩层组合中,顶板与底板的分层现象较为明显,在这组合岩层中,有一部分岩层的强度较高而不易发生破断,而另一部分软弱的岩层由于强度较低容易破断,煤层的上覆岩层顶板一般是由强度不等的岩层混合组成,当不考虑顶板的原生裂隙、小断层等因素,由于强弱岩层的组合,采空区顶板的垮落具有以下特点:

a. 坚硬厚度大的岩层具有抗干扰能力强的特点,能够形成大面积的悬顶而不发生破断,在此状态下,坚硬岩层与下位岩层只有轻微接触,与上覆岩层发生离层,因而对下位岩体压力相对很小。

b. 软弱且厚度较小的岩层具有抗干扰能力小的特点,暴露面积较小的时候即可发生垮落。像伪顶一样接近煤层的硬度小软弱的岩层具有随采随落的特点,冒落之后的岩体压力全部加在下部岩体之上,由此可见,岩层的断裂收到坚硬岩层的主要控制,坚硬岩层顶板破坏下沉时,上方软弱岩层会随之弯曲下沉同期垮落,直接作用于下方岩体或支护体,这种垮落会出现分组分层的岩层垮落现象。

6.3.2 相似材料模拟结果分析

煤岩结构的性质决定直接顶岩层必然发生前期垮落,当直接顶是由多层岩层构成时,会出现分层次垮落的现象。

从煤层右侧推进,当推进 40 m 时顶板发生初次垮落,垮落步距为 36 m,上覆岩层垮落 10 m,此时上区段工作面初次垮落区出现裂隙并有大离层产生,顶板完全垮落。试验装置图见图 6.86,第一至第三次采动见图 6.87 至图 6.89。

图 6.86　试验装置图

随着工作面的推进,上覆顶板岩层持续运动,直接顶垮落,上覆岩层形成悬板结构,产生悬顶空间,基本顶在自身重力与上覆顶层压力作用下发生弯曲下沉,煤层继续推进,推进距离约为 20 m 时,顶板发生二次断裂,上覆顶板出现断

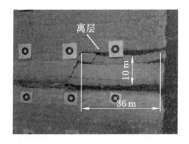

图 6.87　第一次开采

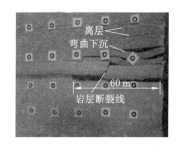

图 6.88　第二次开采

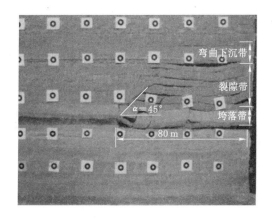

图 6.89　第三次采动

裂线,顶板回转下沉,发生岩移运动,初次垮落顶板完全下沉完毕,总共回采距离 60 m,离层顶板高度上升至 38 m。周期性垮落步距 20 m,上覆岩层骨架结构为砂岩结构,岩层硬度相对较大,不易垮落,在上覆岩层结构中,软弱岩层可以看为硬质岩层结构的上部载荷,在上部岩层结构与其重力作用下,顶板发生弯曲变形、旋转、下沉,产生超前支撑压力前移,对煤体前方产生应力集中,易造成冲击安全隐患。

　　随着工作面的继续推进,此时推进距离约 80 m 时,基本顶出现三次垮落,出现直接顶明显垮塌显现,后方采空区上覆岩层出现明显的"三带"分界,即:垮落带、裂隙带、弯曲下沉带。离层位置上升至 50 m,岩层垮落角为 45°,后方采空区 60 m 范围内压实触矸,顶板下沉出现加速状态,上覆岩层处于非稳定状态。

　　当上区段回采至 90 m 时开始支设巷旁充填体,巷旁充填体由上部柔性充填体与下部刚性混凝土两部分组成,巷旁充填体垂直平面模型贯穿整个煤层,由此留设下区段上部平巷,作为下区段工作面平巷上帮(图 6.90)。

　　下区段工作面进行回采,模拟采煤面正常推进的同时,可以进行对巷旁充填

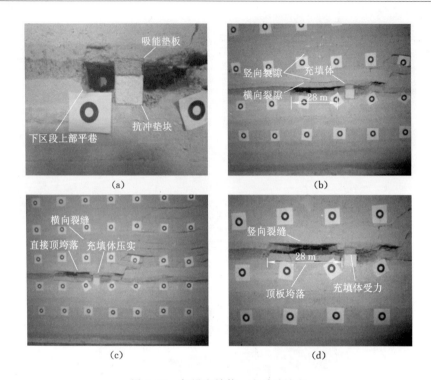

图 6.90　架设充填体一次采动阶段

体的支护效果检验,以此进行分析巷旁充填体支护效果、防冲效果。

当工作面推采至 28 m 时,顶板出现离层(图 6.91),直接顶板初次垮落,巷旁充填体起到切顶效果,由以上可以得出直接顶的垮落具有以下特点:① 力学性能相近的上覆岩层,同期运动会出现相似裂缝裂隙,但对相互之间的岩层没有运动影响,距离煤层越近的岩层受影响越大,会更容易发生破断垮塌,更易出现分层垮落。② 开采距离一定时,直接顶的分层垮落现象会随之慢慢减小直至消失,直接出现随采随落现象。③ 采空区内直接顶垮落后直接转向底板,发生触矸现象,侧向边界断裂,失去力学连续联系,侧向断裂形成的悬板结构重量完全由巷旁充填体与煤体承担。因此,巷旁充填直接顶受巷旁充填体切顶作用的影响,首先受到直接顶垮落的影响,主要承担残留直接顶的重量及上覆岩层的部分重量。

基本顶的前期垮落,由于基本顶岩层厚度较大,岩体的强度较高、刚度较大,破断前能够维持较大跨度,当开采距离超过 55 m 时,发生初次断裂,断裂前后两部分块体形成"三铰拱"结构,这是由于基本顶岩层的高强度、高硬度和高抗变形的能力,加上基本顶的自稳能力决定的,当开采到一定距离后发生二次断裂,

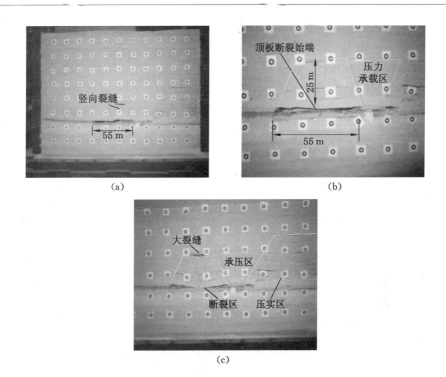

图 6.91 架设充填体二次采动岩层离层状态

形成由岩块组成的"砌体梁"结构。基本顶的断裂分为两类,一类为临时稳定结构,另一类为长时期稳定结构,前者为岩块旋转下沉后相互搭接抑制而形成的,这种结构往往在后来采动过程中岩块继续运动发生二次破断从而形成长期比较稳定的"砌体梁"结构。基本顶的断裂与直接顶的断裂冒落状态是不一样的,基本顶的垮落状态包括断裂、旋转、触矸,因而采空区边界基本顶断裂后与侧向顶板悬板接触,成为旋转块体的着力点,弯转下沉,受力下压作用于巷旁支护体。

岩层垮落分层次衍生顶向扩展,随着工作面的回采,基本顶发生破断,造成工作面周期来压,随着工作面的推进,远离此次来压区域的工作面前方岩体承受下一次周期来压,随着工作面的持续推采,岩层垮落仍然不断向上衍生发展,高位岩层的垮落很难对现有工作面造成重大影响,巷旁支护位于采空区边缘,受高位岩层垮落扰动载荷的强烈影响,对巷旁充填体的研究需要放眼视野扩展到高层位来研究。

由此可见,基本顶前期垮落具有如下特点:① 岩石垮落顶向发展呈现渐次发展的规律,垮落尺寸受岩层垮落角与最低位关键层限制;② 巷旁充填体受侧向顶板岩层组的垮落影响,高位岩层顶板承受更高的顶板侧向支撑压力影响;

③ 巷旁充填体受二次压力影响,影响周期较长,随着垮落岩层的不断上向发展,其影响程度逐渐下降。

受巷旁充填体支撑的影响,采空区侧顶板垮落形成的边界形成一个楔形压力承载区(图 6.92),该区域岩层起到承受上覆岩层载荷的作用,同时起到能够向低位岩层传递压力的作用,从而对巷旁充填体的稳定性起到重要的影响,在此将这种具备能够承担上部载荷与传递围岩压力的双重作用的楔形区域称为楔形压力承载区。垮落层位发展到某关键层时,其上覆数个软弱岩层同步垮落,使之与上部关键层形成大离层结构。顶板产生离层后未垮落上覆岩层承受载荷转移到采空区两侧,后通过楔形压力承载区向下位岩层传递。

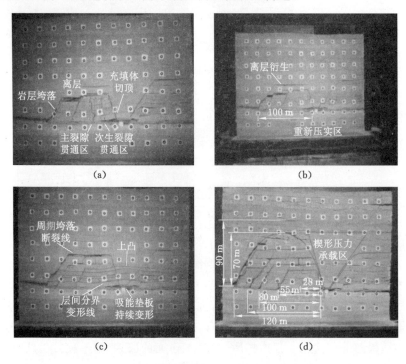

图 6.92　充填体作用下上覆岩层运移规律

采空区上覆岩层达到一定高度时,继续开采造成顶板运动条件发生改变。首先,采区上覆岩层垮落高度达到了一定程度,一般已经达到了垮落带与裂隙带的高度,此时采空区的边界运动的条件变为:后方的倾斜岩体、前方实体煤层承受强烈扰动;其次为采场横向形成三个剪应力区域:低值应力区、支撑应力区、原始应力区。横向形成三个活动带:压缩下沉带、剪切带、高支撑带。煤壁前方由于存在超前支撑压力与原岩应力叠加作用致使煤岩体生成大量裂隙,致使强度大大降低。由此可见回采后期,垮落岩体的运动大致相似、扰动强烈,具备同期运动的相似条件。

针对地下围岩稳定性研究有关学者提出[151]:在煤矿回采过程中引进了新的介质能够加强围岩稳定性。采场充填后虽然强度远不及原岩体,但是完全能够维护岩体结构,保证围岩稳定性。在岩体变形过程中充填体能使地压缓慢释放,限制能量释放速度。有关学者对顶板的运动情况进行研究提出了采空区侧楔形区顶板机制研究,为沿空留巷防治冲击地压提供依据,研究发现采空区向上"倒梯形"垮落期间,侧向未垮落上覆岩层形成一楔形的承载构造(图 6.93),这个区域的载荷即承担了上覆岩体载荷又能够向低位处传递生成压力,是沿空留巷上覆岩层压力的传载体。随着顶板层位垮落的持续增高,侧向岩体的强度逐渐减弱,上覆高位的岩层承载基础失效,楔形区承载范围向上方与煤体方扩大,直到主关键层断裂,此时楔形承载区达到最大,沿空留巷整个结构达到稳定状态。

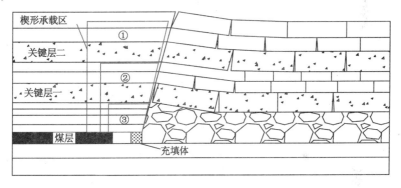

图 6.93　沿空留巷楔形承载区结构图

楔形区的特殊构造致使其具有向下位岩层传递压力的特性,当应力继续向低位岩层进行应力传递时,达到侧向充填体所留巷空间的影响发生二次应力分流效果,此时应力由两侧的煤体与充填体传向岩层底板。对应的巷道围岩区域成为应力二次分流区,由此在两侧煤体与充填体上形成两个应力峰值,学者将此现象称为"应力双峰"现象。双峰应力是煤岩体承载作用与人为采动影响的体现,同样是煤岩体变形剧烈的重要原因。

侧向悬板结构对巷旁充填影响最为关键的部位包括两个:楔形构造顶层与采空区倾斜块体。楔形顶板在传递应力分流的同时需要承担倾斜顶板块体的压力,由此将应力传递给巷旁充填体的围岩结构体,造成沿空留巷两侧支护体严重变形,侧向采空区悬板结构对巷旁充填的施载机理非常复杂,围岩体在传递载荷压力的同时,自身承受着严重的压缩变形和侧向变形,此时起到一定的吸能卸压作用。图 6.94 所示为充填体对侧向悬板的切顶作用。

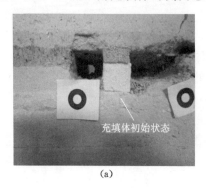
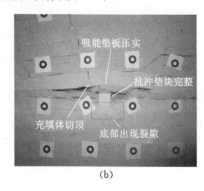

(a)　　　　　　　　　　　　　(b)

图 6.94　充填体对侧向悬板的切顶作用

图 6.95 所示为巷旁充填体侧向支护模型。

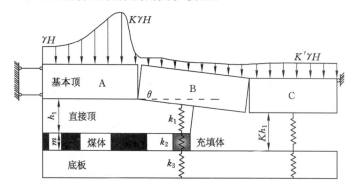

图 6.95　巷旁充填体侧向支护模型

6.3.2.1　巷外破断分析

巷旁充填体上覆悬板结构在自身重力与上覆基本顶作用下于巷外发生旋转运动下沉,这种旋转运动能够严重影响巷旁充填体的自身稳定问题,产生断裂的原因如下:

(1) 巷旁充填体提供初撑力,具有一定的抗压强度,避免基本顶在断裂之前严重下沉。

(2) 能够及时支护,提供切顶支护效果,将支护阻力高效传递到直接顶岩层。

(3) 基本顶强度较小、岩层厚度较小,对低位岩层控制能力小,岩层运动受限。

6.3.2.2　巷内破断分析

顶板在自身重力与上覆岩层作用力下发生巷内旋转下沉,这种旋转将应力传递到煤体帮侧,对围岩的稳定性起到严重破坏的作用,产生断裂的原因如下:

(1) 巷旁支护体支撑作用滞后,或者巷旁支护体强度极低,整体易发生严重变形;

(2) 初撑力弱,充填体提供初撑力时顶板早已发生旋转下沉,实施巷旁充填之后在上覆岩层的作用下继续发生压缩变形,直接顶能够继续发生变形;

(3) 基本顶坚硬强度相对较高,通常为岩层厚度较大顶板,对下位岩层的控制强。

6.4　小结

为更真实反映上覆岩层对充填采场应力与变形规律的影响,弥补解析分析的不足,采用 RFPA 数值模拟软件对采空区充填采场进行了数值模拟研究,采用 FLAC³ᴰ 数值模拟软件对沿空留巷巷旁充填采场进行了数值模拟研究,采用相似材料模拟实验对沿空留巷巷旁充填采场进行了物理模拟研究,并与无充填采场模拟结果进行了对比分析,进一步验证了充填开采防治冲击地压的有效性。

采空区充填采场数值模拟结果表明:充填回采时工作面上覆岩层活动状态与全部垮落法相比表现极为缓和,顶板下沉量减小,煤壁超前支承压力值也明显减小。随着充填体压实率的增加,工作面前方垂向应力集中程度逐渐减小,且竖向因拉伸破坏产生的拉伸应力慢慢减小直到慢慢消失。充填体强度与压实率足够大时,整个采场应力状态不会发生大的转移,顶板应力集中程度减弱,可有效防治顶板断裂型冲击地压的发生。充填体与煤体共同承担采动应力,煤体应力集中程度减弱,可有效防治煤体压缩型冲击地压的发生。充填开采时,断层压剪应力变化幅度降低,断层不易活化,有效降低了断层错动型冲击地压的发生;同时相比无充填开采,可减小断层煤柱宽度,提高资源回收率。

沿空留巷巷旁充填采场数值模拟与相似材料模拟结果均表明:巷旁充填支护结构作为巷旁支护体,在顶板运动前期能够提供一定的初撑力,切断外部采空区顶板岩梁,起到切顶断梁的作用;同时巷旁充填体具有让位可缩性,允许上覆顶板岩层产生一定位移,释放顶板初期弹性能;在后期支护过程中,基本顶发生断裂弹性能瞬间释放转化为岩层移动动能,通过铰接岩块传递作用,作用于巷道围岩与充填体,此时巷旁充填体快速压缩变形,吸收顶板运动产生的动能。巷旁充填体的切顶作用可有效防治顶板断裂型冲击地压;巷旁充填体的快速压缩吸能作用可有效防治巷道围岩煤体压缩型冲击地压。

7 冲击地压充填控制的工程实践

通过前文解析分析、数值模拟与物理模拟,阐述了充填开采防治冲击地压的有效性。本章以集贤煤矿二片下料道工作面巷旁充填开采为例,验证充填开采防治冲击地压的实际效果。

7.1 地质条件与开采技术条件

黑龙江双矿集团集贤矿西二采区二片下料道沿煤层顶板掘进,为半煤岩巷道,巷道沿顶板中线掘进,地面标高:+107~+108 m,井下标高:−543~−612 m,北部为西二采区轨道下山,南部为北岗断层,西部为西二采区三片准备面,东部为西二采区一片采空区。直接顶为中砂岩,灰白色,中部裂隙发育,厚度为1.7 m;基本顶为灰黑色粉砂岩,厚度为 2.6 m。直接底板为灰白色细砂岩,厚度为 0.6 m;基本底为灰黑色粉砂岩,厚度为 3.3 m。煤层厚度平均为 1.1 m,平均倾角为10°,中间含一层 0.15 m 的细粉砂岩,煤层具有弱冲击倾向性,工作面地层整体为单斜构造。图 7.1 所示为工作面平面布置图。

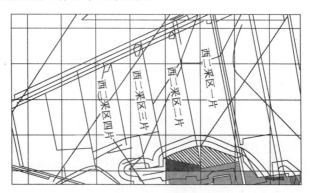

图 7.1 工作面平面布置图

所留巷道既要满足使用要求、施工工艺简单实用,又要体现留巷的核心与实质,同时符合留巷矿压显现规律的要求。如果将人造帮全部置于采空区,留下巷道宽度最大,最利于使用,堆砌断面小,节省吸能材料。如果将吸能柱墙体完全置于巷内,对留巷有利,但所留巷宽较小,不能满足使用要求。如果将吸能柱墙大部分置于巷内,小部分留在采空区,能满足使用要求,但堆砌面积较大,吸能材料消耗大。三种位置各有优缺点。通过对比和现场试验,选取合适的留设方案。

7.2　沿空留巷墙体的制作与块体运输

沿空留巷墙体的构成由底部的"硬"结构与上部"软"结构构成。沿空留巷应该满足强度和可缩性要求,能较好地隔离采空区,来源广,便于运输和施工,具有防火、防水、防漏风性能,建造与维护费用低。

"硬"结构制作原则为:需要选取作业空间大,温度、湿度良好的作业地点,这样既可以成型稳定又可以进行大规模生产。

"软"结构采用可缩性让压吸能材料,制作方便快捷,能够接顶紧密,对顶板具有良好的适应性。采用双排注液管路从事先准备好的配料箱中分出连接到同一个注液枪中,从注液枪接出输液管连接至平巷后方高强度柔性充填袋连接口,进行作业充填。

地面运输:将制作完毕的"硬"结构、高强度"柔"性充填袋一并采用吊车放置到矿用平板运输车内,运输至井口,准备下井。

井下运输:"硬"结构通过井口进入井下,采用矿用运输车运至下平巷,采用电动单轨吊车将充填块吊起放置到充填专用移动运输车上,运输至下平巷采空区一侧。

7.3　现场测试

根据黑龙江双矿集团集贤矿已有沿空留巷巷旁充填效果检测数据分析,为设计巷旁充填体合理留设参数,对巷旁充填体防冲做进一步优化。

为及时掌握巷旁充填支护效果,了解巷道顶板位移活动规律及围岩压力显现规律,充填巷道成型初期采用围岩变形检测仪检测与 YZ 混凝土液压枕进行测量,测试地点位于西二采区二片工作面下料道。如图 7.2 和图 7.3 所示。

具体布置方式如图 7.4、图 7.5 所示,测试地点选择顶板完整处便于测量,液压枕位于顶板与充填体搭接处,压力表悬露墙体外侧,便于读数统计。

柔性充填体从接顶开始到逐步压实所表现出的收缩量就是顶板下沉行程的最大值,观察 5 个监测点(图 7.6),可以得出最大下沉量为 30 mm,同一曲线数值表现为逐渐减小的趋势,这表明随着工作面的推进,测试点逐渐远离工作面,受采动应力与顶板压力的影响逐渐减小,同时发现同一曲线的变化出现较小范围波动,维持在 5~10 mm 范围内,究其原因,随着工作面的推进,后方采空区出

图 7.2　巷旁充填体支护效果图　　　　　图 7.3　巷旁充填体支护接顶图

图 7.4　顶板位移测点布置示意图

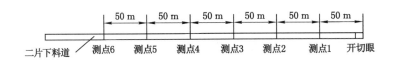

图 7.5　压力测点布置示意图

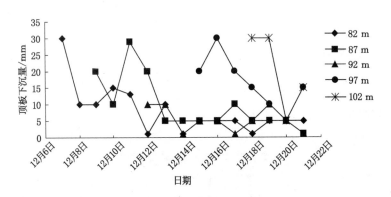

图 7.6　顶板位移量变化折线图

现周期性垮落,表现出周期来压特性,巷旁充填体受周期性来压侧向支撑压力的作用,采空区上覆顶板未垮落之前,直接顶受基本顶的影响逐渐下沉,表现为作用于充填体上收缩量逐渐加大,随着工作面的继续开采,顶板垮落,此时充填体上部受载结构由连续体变为离散体,充填体上部岩体因形成悬臂结构而产生的传递应力消失,此时充填体下沉量出现减缓。

充填体表现出理想的力学曲线效果(图7.7),曲线首先表现为急剧升高,当达到极限值后出现回落,回落到一定数值后,表现出相对恒阻现象,距工作面约31 m处达到最大值12 MPa,恒阻时约为11 MPa,由此分析可得,随着工作面的推进,上覆岩层旋转下沉作用于充填体上,充填体上部沙袋整个内部填充空间压实缩小,受沙袋本身横向的约束,充填体纵向支撑力加大,沙袋逐渐压实增阻,能够较好地控制顶板的完整性,当顶板达到极限受力状态后,同时受充填体切顶作用,发生旋转、破断、滑移,此时基本顶呈现一端触矸,一端作用于直接顶将压力传递到充填体上形成简支梁结构,此时充填体受到冲击,阻力急剧加大,后出现缓慢沉降状态,由于破断瞬间发生,作用时间短,在压力变化曲线图很难呈现,随着工作面的继续推移,基本顶出现铰接状态,重现达到应力平衡,此时充填体表现为恒阻现象。

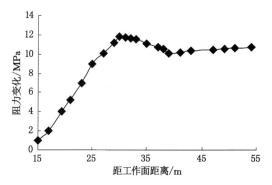

图 7.7　顶板压力变化曲线图

为便于观测巷旁充填支护前后顶板位移变化,在二片下料道停采线前150 m开始布置测点,间隔150 m,共布置4个测点(图7.8),测点4距离工作面70 m开外,当第4个测点距离工作面70 m时开始记录,每推进5 m记录一次。

煤体随着巷道的开挖,实体煤巷道侧出现自由面,受纵向挤压力的作用,煤壁出现位移,顶底板受煤体约束消失,同时受围岩应力作用顶底板出现收缩变形,产生位移。

40～60 m范围内,巷道的变形量很小,当距离40 m开始的时候,顶底板及煤帮的位移量出现增加,工作面推至监测点时位移量持续增大,随后实施巷旁充填作业,随着采煤作业持续推进,后方采空区顶板出现弯曲下沉,巷旁充填体初始主动支护,后受顶板作用被动受力,出现收缩、让位、吸能,随着采煤作业持续进行直接顶受上覆岩层的作用,挠度增大,发生弯曲下沉、垮断、滑移,整个巷道半径收缩变小,当巷旁支护体滞后工作面80 m时整个巷道收缩量变小,此时顶

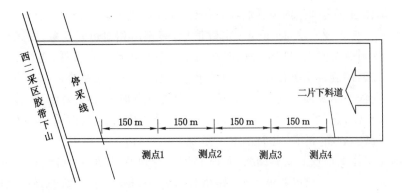

图 7.8　巷道位移测点布置示意图

板断裂形成离散体,"砌体梁"支护理论认为,岩体断裂之后形成岩块,岩块与岩块之间相互挤压、咬合,沉降缓慢,巷旁支护体滞后工作面 120 m 后,整个收缩量趋于稳定,变化量及小,此时整个顶板垮落压实,整个围岩系统重新建立力学平衡,"顶板-煤体-充填体-底板"形成稳定结构。如图 7.9 所示。

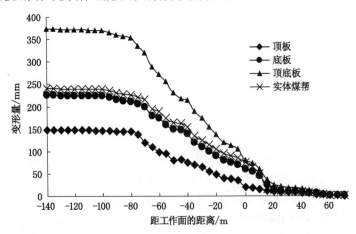

图 7.9　巷道位移变化曲线图

　　随着下一工作面的回采,沿空留巷作为下一工作面的回风巷,充填体在上覆顶板压力与超前支撑压力的叠加作用下受力平衡状态打破,充填体受力持续增加,当顶板悬板结构过大时,容易突然垮断,瞬间产生冲击,回风巷因容易发生顶板断裂型冲击地压而发生损坏,当冲击一旦发生时,此时巷旁充填体柔性充填体能够启动二次行程变化,发生收缩、让位、吸能作用,吸收部分顶板冲击能,防止巷道损坏,进而保护人员与设备的安全,达到防治冲击地压的目的。

7.4 小结

通过巷旁支护结构设计选择,在现场展开应用研究,对黑龙江双矿集团集贤矿应用巷旁充填支护设计,建立巷道回采与支护工艺,从材料的选择,支护体的设计,施工地点的选择,沿空留巷墙体的制作,运输等方面展开研究,分析充填体实际应用效果。

柔性充填体前期从接顶开始到逐步压实所表现出的收缩量就是顶板下沉行程的最大值,同一曲线数值表现为逐渐减小的趋势,随着工作面的推进,测试点逐渐远离工作面,受采动应力与顶板压力的影响逐渐减小,同时发现同一曲线的变化出现较小范围波动,随着工作面的推进,后方采空区出现周期性垮落,表现出周期来压特性,巷旁充填体受周期性来压侧向支撑压力的作用,采空区上覆顶板未垮落之前,直接顶受基本顶的影响逐渐下沉,表现为作用于充填体上收缩量逐渐加大,随着工作面的继续开采,顶板垮落,此时充填体上部受载结构由连续体变为离散体,充填体上部岩体因形成悬臂结构而产生的传递应力消失,此时充填体下沉量出现减缓。

充填体后期表现出理想的力学曲线效果,曲线首先表现为急剧升高,当达到极限值后出现回落,回落到一定数值后,表现出相对恒阻现象,分析可得,随着工作面的推进,上覆岩层旋转下沉作用于充填体上,充填体上部沙袋整个内部填充空间压实缩小,受沙袋本身横向的约束,充填体纵向支撑力加大,沙袋逐渐压实增阻,能够较好地控制顶板的完整性,当顶板达到极限受力状态后,同时受充填体切顶作用,发生旋转、破断、滑移,此时基本顶呈现一端触矸,一端作用于直接顶将压力传递到充填体上形成简支梁结构,此时充填体受到冲击,阻力急剧加大,后出现缓慢沉降状态,由于破断瞬间发生,作用时间短,在压力变化曲线图很难呈现,随着工作面的继续推移,基本顶出现铰接状态,重现达到应力平衡,此时充填体表现为恒阻现象。

通过黑龙江双鸭山矿业集团集贤煤矿实验得到,应用巷旁充填防治冲击地压得到了理想的效果,能够达到防治冲击地压的目的。

参 考 文 献

[1] 李杰峰.论充填开采技术在煤矿中的实践[J].工业技术,2012(12下):120.

[2] 惠功领.我国煤矿充填开采技术现状与发展[J].煤炭工程,2010(2):21-23.

[3] 李建民.充填开采与煤矿安全的关系[J].山东煤炭科技,2010(1):1-3.

[4] 张书国.利用充填开采手段消除煤矿重大隐患[J].矿业论坛,2013(13):415.

[5] 姜耀东,潘一山,姜福兴,等.我国煤炭开采中的冲击地压机理和防治[J].煤炭学报,2014,39(2):205-213.

[6] 吕祥锋,王振伟,王爱文.深部煤岩体保护层开采上覆岩层应力释放与转移特征的实验研究[J].实验力学,2013,28(3):340-346.

[7] 潘俊锋,宁宇,蓝航,等.基于千秋矿冲击性煤样浸水时间效应的煤层注水方法[J].煤炭学报,2012,37(增1):19-25.

[8] 张明海,刘向峰,王来贵.避免采矿诱发冲击地压成灾的卸压洞法[J].辽宁工程技术大学学报,2001,20(6):777-779.

[9] 武泉森,曲华,马海春,等.千米深井特厚煤层卸压巷合理位置的确定[J].煤矿安全,2015,46(3):178-181.

[10] 吴玉文,王书文.爆破卸压关键参数对冲击危险性变化趋势的影响规律[J].煤矿开采,2012,17(1):79-82.

[11] 齐庆新,雷毅,李宏艳,等.深孔断顶爆破防治冲击地压的理论与实践[J].岩石力学与工程学报,2007,26(增1):3522-3527.

[12] 张寅.断底爆破在防治冲击地压中的试验研究[J].煤炭技术,2010,29(10):90-92.

[13] 郭信山.煤层超高压定点水力压裂防治冲击地压机理与试验研究[D].北京:中国矿业大学(北京),2015.

[14] 郭相斌.煤层定向水力压裂防治冲击地压的试验研究[J].煤炭科学技术,2011,39(6):12-14.

[15] 王平,姜福兴,王存文,等.大变形锚杆索协调防冲支护的理论研究[J].采矿与安全工程学报,2012,29(2):191-196.

[16] 康红普,吴拥政,何杰,等.深部冲击地压巷道锚杆支护作用研究与实践[J].煤炭学报,2015,40(10):2225-2233.

[17] 潘一山,肖永惠,李忠华,等.冲击地压矿井巷道支护理论研究及应用[J].

煤炭学报,2014,39(2):222-228.

[18] 王凯兴,潘一山.冲击地压矿井的围岩与支护统一吸能防冲理论[J].岩土力学,2015,36(9):2585-2590.

[19] 彭怀生,古德生,邓健.充填采矿法的技术评价及对冬瓜山矿充填开采的设想[J].矿业研究与开发,1997,17(4):8-12.

[20] 肖广哲,谭艳花,何锦龙.东乡铜矿全尾膏体充填材料与充填体强度关系研究[J].江西理工大学学报,2010,31(1):23-25.

[21] 代建四.煤矿充填开采的现状与发展趋势[J].科技创新导报,2010(18):60-61.

[22] 杨胜利,白亚光,李佳.煤矿充填开采的现状综合分析与展望[J].煤炭工程,2013(10):4-10.

[23] 闫少宏,张华兴.我国目前煤矿充填开采技术现状[J].煤矿开采,2008,13(3):1-3.

[24] 徐法奎.我国煤矿充填开采现状及发展前景[J].煤矿开采,2012,17(4):6-7.

[25] 赵才智,周华强,瞿群迪,等.膏体充填材料力学性能的初步实验[J].中国矿业大学学报,2004,33(2):159-161.

[26] 赵才智,周华强,柏建彪,等.膏体充填材料强度影响因素分析[J].辽宁工程技术大学学报,2006,25(6):904-906.

[27] 常庆粮,周华强,秦剑云,等.膏体充填材料配比的神经网络预测研究[J].采矿与安全工程学报,2009,26(1):74-77.

[28] 崔增娣,孙恒虎.煤矸石凝石似膏体充填材料的制备及其性能[J].煤炭学报,2010,35(6):896-899.

[29] 何利辉,贾尚昆,陈超群,等.煤矿膏体充填材料力学变形性能的试验研究[J].煤矿安全,2011,42(5):20-23.

[30] 冯国瑞,任亚峰,张绪言,等.塔山矿充填开采的粉煤灰活性激发实验研究[J].煤炭学报,2011,36(5):732-737.

[31] 张新国,王华玲,李杨杨,等.膏体充填材料性能影响因素试验研究[J].山东科技大学学报,2012,31(3):53-58.

[32] 张新国,江宁,张玉江,等.矸石膏体充填材料力学特性试验[J].金属矿山,2012(12):127-135.

[33] 李梦,谢军峰,宋光远,等.膏体充填材料变形性能的研究[J].粉煤灰,2012(2):29-32.

[34] 吕斌,周振君,罗伟华.砂基膏体充填材料制备工艺及其物理性能[J].中国

科技论文,2012,7(2):107-110.

[35] 曹忠,江宁,江兴元,等.矸石膏体充填材料物化特性与配比试验研究[J].煤矿安全,2013,44(4):68-71.

[36] 王其锋,刘音,张浩强,等.矸石膏体充填材料耐久性试验研究[J].煤矿开采,2014,19(1):3-6.

[37] 孙琦,张向东,杨逾.膏体充填开采胶结体的蠕变本构模型[J].煤炭学报,2013,38(6):994-1000.

[38] BRADY B H G,BROWN E T. Rock mechanics for underground mining [M]. London:George Allen & Unwin Ltd,1985.

[39] 蔡嗣经.矿山充填机理的理论研究现状及发展趋势[J].采矿技术,2011,11(3):15-18.

[40] 蔡嗣经.矿山充填力学基础[M].北京:冶金工业出版社,2009.

[41] 宋卫东,杜建华,杨幸才,等.深凹露天转地下开采高陡边坡变形与破坏规律[J].北京科技大学学报,2010,32(2):145-151.

[42] 樊忠华.充填体与围岩相互作用机理与应用研究[D].北京:北京科技大学,2010.

[43] 周冬冬,高谦,余伟健,等.司家营铁矿阶段充填法开采流固耦合数值模拟[J].矿业研究与开发,2010,30(2):19-22.

[44] 潘德祥,张金才.条带充填开采煤柱宽度和开采宽度的确定[J].煤矿开采,1997(4):11-13.

[45] 谢文兵,史振凡,陈晓祥,等.部分充填开采围岩活动规律分析[J].中国矿业大学学报,2004,33(2):162-165.

[46] 刘长友,杨培举,侯朝炯,等.充填开采时上覆岩层的活动规律和稳定性分析[J].中国矿业大学学报,2004,33(2):166-169.

[47] 李青锋,王戈,朱川曲.长壁工作面充填开采的充填比与充填效应分析[J].矿业工程研究,2009,24(2):21-24.

[48] 杜绍伦,刘志祥.充填开采过程中岩体能量释放规律研究[J].金属矿山,2010(5):13-15.

[49] 瞿群迪,姚强岭,李学华.充填开采控制地表沉陷的空隙量守恒理论及应用研究[J].湖南科技大学学报,2010,25(1):8-12.

[50] 王家臣,杨胜利.固体充填开采支架与围岩关系研究[J].煤炭学报,2010,35(11):1821-1826.

[51] 王家臣,杨胜利,杨宝贵,等.长壁矸石充填开采上覆岩层移动特征模拟实验[J].煤炭学报,2012,37(8):1256-1262.

[52] 常庆粮,周华强,柏建彪,等.膏体充填开采覆岩稳定性研究与实践[J].采矿与安全工程学报,2011,28(2):279-282.

[53] 杨宝贵,李永亮,宋晓波,等.充填开采工作面矿压显现规律数值模拟分析[J].煤炭工程,2013(4):69-71.

[54] BLIGHT G E,CLARKE I E. Design and properties of still fill for lateral support[C]//Mining with Backfill,Proc. of International Symposium, Lulea:Conference of Mining with Backfill,1983.

[55] 韩文骥,宋光远,曹忠,等.膏体充填开采孤岛煤柱覆岩移动规律研究[J].煤矿安全,2013,44(5):220-223.

[56] 王志波.膏体充填开采煤层覆岩压力规律的研究[J].江西煤炭科技,2013(3):65-66.

[57] 潘富国.急倾斜煤层充填开采顶板应力分布特征研究[J].山西大同大学学报(自然科学版),2013,29(4):60-63.

[58] 许家林,朱卫兵,李兴尚,等.控制煤矿开采沉陷的部分充填开采技术研究[J].采矿与安全工程学报,2006,23(1):6-11.

[59] 冯光明,王成真,李凤凯,等.超高水材料开放式充填开采研究[J].采矿与安全工程学报,2010,27(4):453-457.

[60] 冯光明,贾凯军,李凤凯,等.超高水材料开放式充填开采覆岩控制研究[J].中国矿业大学学报,2011,40(6):841-845.

[61] 冯光明,王成真,李凤凯,等.超高水材料袋式充填开采研究[J].采矿与安全工程学报,2011,28(4):602-613.

[62] 冯光明.超高水充填材料及其充填开采技术研究与应用[D].徐州:中国矿业大学,2009.

[63] 刘志钧.煤矸石似膏体充填开采技术研究[J].煤炭工程,2010(3):29-31.

[64] 佟强.综采工作面矸石充填开采技术研究及应用[J].煤炭工程,2010(12):40-42.

[65] 周华强,侯朝炯,漆太岳.国内外高水巷旁充填技术的研究与应用[J].矿山压力与顶板管理,1991(4):2-6.

[66] 周华强,侯朝炯,漆太岳.巷旁充填体控顶机理的相似材料模拟试验[J].矿山压力与顶板管理,1991(4):24-28.

[67] 漆太岳,周华强,易宏伟,等.巷旁充填工艺研究与设计[J].矿山压力与顶板管理,1991(4):29-35.

[68] 漆太岳,柏建彪,周家铮,等.东城井721材料道巷旁充填矿压观测与研究[J].矿山压力与顶板管理,1991(4):36-41.

[69] 孙恒虎,吴健,邱运新.泵送巷旁充填在鹤壁一矿的应用[J].矿山压力与顶板管理,1991(4):42-48.

[70] 柏建彪,易宏伟,张益高,等.高水灰渣巷旁充填沿空留巷矿压显现规律的研究[J].矿山压力与顶板管理,1994(3):53-56,59.

[71] 黄玉诚.高水速凝材料巷旁充填沿空留巷的矿压观测研究[J].煤矿开采,1995(2):35-37.

[72] 辛恒奇,杨佑灵,郭忠平,等.高水材料巷旁充填技术在张庄矿的应用及分析[J].建井技术,1997,18(3):7-8.

[73] 翟新献,周英,梁西京.沿空留巷巷旁充填体与顶板岩层的相互作用研究[J].煤矿设计,1999(8):6-8.

[74] 王立斌.高水材料巷旁充填沿空留巷技术[J].山西煤炭管理干部学院学报,2000(4):42-44.

[75] 苏清政,郝海金.巷旁充填体可缩性对沿空留巷顶板运动的适应性分析[J].焦作工学院学报,2002,21(5):321-323.

[76] 苏清政,郝海金.沿空留巷巷旁充填支护阻力计算模型[J].煤矿开采,2002,7(4):32-35.

[77] 陈阳,柏建彪,陈勇.锚杆支护巷旁充填沿空留巷技术研究[J].矿山压力与顶板管理,2005(2):74-75.

[78] 徐金海,付宝杰,周保精.沿空留巷充填体的流变特性分析[J].中国矿业大学学报,2008,37(5):585-589.

[79] 文志杰.中厚煤层沿空留巷巷道围岩稳定性分析及应用研究[D].青岛:山东科技大学,2008.

[80] 张吉雄,吴强,黄艳利,等.矸石充填综采工作面矿压显现规律[J].煤炭学报,2010,8(35):1-4.

[81] 康红普,牛多龙,张镇,等.深部沿空留巷围岩变形特征与支护技术[J].岩石力学与工程学报,2010,29(10):1977-1987.

[82] 阚甲广,张农,李宝玉,等.典型留巷顶板条件下巷旁充填体支护阻力分析[J].岩土力学,2011,32(9):2778-2784.

[83] 孙春东,冯光明.新型高水材料巷旁充填沿空留巷技术[J].煤矿开采,2010,15(1):58-61.

[84] 孙春东,张东升,王旭锋,等.大尺寸高水材料巷旁充填体蠕变特性试验研究[J].采矿与安全工程学报,2012,29(4):487-491.

[85] 杨永辰,尹博,赵贺.带一网一栓式矸石袋巷旁充填支护体力学性能研究[J].矿业安全与环保,2013,40(4):16-18.

[86] 杨绿刚.深部大采高充填开采沿空留巷矿压规律及协同控制研究[D].北京:中国矿业大学(北京),2013.

[87] 李凤义,王伟渊.新安煤矿井下沿空留巷巷旁充填实验[J].黑龙江科技学院学报,2013,23(5):409-413.

[88] 韩昌良.沿空留巷围岩应力优化与结构稳定控制[D].徐州:中国矿业大学,2013.

[89] 罗中.大断面沿空留巷巷旁充填体宽度合理化研究[J].煤矿开采,2015,20(1):71-74.

[90] 滑怀田.大倾角薄煤层新型高水材料巷旁充填沿空留巷技术研究[D].徐州:中国矿业大学,2015.

[91] 贾红果,来永辉,王伟,等.沿空留巷条件下新型高水速凝材料巷旁充填技术及其应用[J].中国煤炭,2015,41(1):51-54.

[92] 邹光华.泵送巷旁充填体稳定性的探讨[J].江苏煤炭,1992(1):35-36.

[93] 郭育光,柏建彪,侯朝炯.沿空留巷巷旁充填体主要参数研究[J].中国矿业大学学报,1992,21(4):1-11.

[94] 孙恒虎,吴健,邱运新.沿空留巷的矿压规律及岩层控制[J].煤炭学报,1992,17(1):15-24.

[95] 宋彦波,曲方.巷旁充填沿空留巷充填参数的计算[J].河北煤炭,1993(4):206-209.

[96] 郭然,潘长良,冯涛.充填控制岩爆机理及冬瓜山矿床开采技术研究[J].有色金属工程,1999,51(4):4-7.

[97] 钱鸣高,缪协兴,许家林,等.岩层控制的关键层理论[M].徐州:中国矿业大学出版社,2000.

[98] BOLDT L M,WILLIAMS P C,ATKINS L A. Backfill properties of total tailings[R].[S. l.]:U. S. Bureau of Mines RI,1989.

[99] YU T R. Ground support with consolidated rockfill[J]. CIM special,1987,35:85-91.

[100] YU T R,COUNTER D B. Backfill practice and technology at Kidd Creek Mines[J]. CIM bulletin,1983,76(856):56-65.

[101] 宋振骐,崔增娣,夏洪春,等.无煤柱矸石充填绿色安全高效开采模式及其工程理论基础研究[J].煤炭学报,2010,35(5):705-710.

[102] 布雷克 W.有冲击地压危险充填采场的三角形天井密集支架[J].李冰,译.国外采矿技术快报,1986(16):17-18.

[103] 杨宝贵,孙恒虎,单仁亮.高水固结充填体的抗冲击特性[J].煤炭学报,

1999,24(5):485-488.

[104] 涂敏,袁亮,缪协兴,等.保护层卸压开采煤层变形与增透效应研究[J].煤炭科学技术,2013,41(1):40-43,47.

[105] 张农,袁亮,王成,等.卸压开采顶板巷道破坏特征及稳定性分析[J].煤炭学报,2011,36(11):1784-1789.

[106] 白金超.综放采场沿空巷道底板冲击地压防治研究[D].淮南:安徽理工大学,2015.

[107] 孔令海.基于冲击地压防治的深井沿空留巷充填材料研究[J].煤矿安全,2014,45(7):16-19.

[108] 李舒霞,姜福兴,朱权洁.复合墙体支护技术在沿空留巷中的应用研究[J].煤炭科学技术,2014,42(12):32-36.

[109] 刘磊,王元峰.综放工作面和沿空巷道冲击地压防治技术研究[J].信息系统工程,2012(9):141-143.

[110] 石磊.沿空留巷采煤工作面冲击地压危险区域的预测[J].山东煤炭科技,2010(2):224-226.

[111] 刘建功.千米深井充填开采技术及装备研究与应用[J].煤炭科学技术,2013,41(9):58-65.

[112] 赵琦.充填开采技术在煤矿中的实践[J].山东煤炭科技,2012(3):12-13.

[113] 王来贵,黄润秋,王泳嘉,等.岩石动力系统运动稳定性理论及其应用[M].北京:地质出版社,1998.

[114] 赵本钧.抚顺龙凤矿冲击地压成因规律、预测和防治的研究[J].矿山压力,1985(2):1-9.

[115] 王乃鹏.关于冲击地压的类型与治理途径的探讨[C]//魏群.水电与矿业工程中的岩石力学问题——中国北方岩石力学与工程应用学术会议文集.北京:科学出版社,1991:168-175.

[116] 郜英楼,王来贵,章梦涛.冲击地压的分类研究[J].煤矿开采,1998(1):27-28.

[117] 张若祥.冲击地压的最新分类与防治对策[J].煤,2003,12(5):19-21.

[118] 李长洪,张吉良,蔡美峰,等.煤矿冲击性灾害类型实验研究[J].北京科技大学学报,2009,31(1):1-9.

[119] 蓝航.浅埋煤层冲击地压发生类型及防治对策[J].煤炭科学技术,2014,42(1):9-13.

[120] 齐庆新,欧阳振华,赵善坤,等.我国冲击地压矿井类型及防治方法研究[J].煤炭科学技术,2014,42(10):1-5.

[121] 潘一山,李忠华,章梦涛.我国冲击地压分布、类型、机理及防治研究[J].岩石力学与工程学报,2003,22(11):1844-1851.

[122] 潘一山,徐秉业.考虑损伤的圆形洞室岩爆分析[J].岩石力学与工程学报,1999,18(2):152-156.

[123] 潘一山,章梦涛,李国臻.稳定性动力准则的圆形洞室岩爆分析[J].岩土工程学报,1993,15(5):59-66.

[124] 袁文伯,陈进.软化岩层中巷道的塑性区与破碎区分析[J].煤炭学报,1986(3):77-86.

[125] 郭延华,姜福兴,张常光.高地应力下圆形巷道临界冲击地压解析解[J].工程力学,2011,28(2):118-122.

[126] 王淑坤,张万斌.煤层顶板冲击倾向分类的研究[J].煤矿开采,1991(1):43-48.

[127] 朱建明,高立新,杨月江.深部厚坚硬顶板诱发冲击地压原因的探讨[J].煤,1995,4(5):16-19.

[128] 朱建明,任天贵,孔广亚.深部厚坚硬顶板诱发冲击地压原因的探讨[J].中国矿业,1996,5(6):62-65.

[129] 窦林名,刘贞堂,曹胜根,等.坚硬顶板对冲击矿压危险的影响分析[J].煤矿开采,2003,8(2):58-60.

[130] 刘传孝.冲击性顶板运动阻尼效应的数值模拟及混沌动力学分析[J].岩石力学与工程学报,2005,24(11):1875-1880.

[131] 潘俊锋,齐庆新,毛德兵,等.冲击性顶板运动及其应力演化特征的3DEC模拟研究[J].岩石力学与工程学报,2007,2(增1):3546-3552.

[132] 牟宗龙.顶板岩层诱发冲击的冲能原理及其应用研究[J].中国矿业大学学报,2008,37(6):149-150.

[133] 陆菜平,窦林名,王耀峰,等.坚硬顶板诱发煤体冲击破坏的微震效应[J].地球物理学报,2010,53(2):450-456.

[134] 宋录生,赵善坤,刘军,等."顶板-煤层"结构体冲击倾向性演化规律及力学特性试验研究[J].煤炭学报,2014,39(增刊1):23-30.

[135] 王家臣,王兆会.高强度开采工作面顶板动载冲击效应分析[J].岩石力学与工程学报,2015,34(增2):3987-3997.

[136] 杨敬轩,鲁岩,刘长友,等.坚硬厚顶板条件下岩层破断及工作面矿压显现特征分析[J].采矿与安全工程学报,2013,30(2):211-217.

[137] 杨敬轩,刘长友,于斌,等.坚硬厚层顶板群结构破断的采场冲击效应[J].中国矿业大学学报,2014,43(1):8-15.

[138] WANG J C,YANG S L,LI Y,et al. A dynamic method to determine the supports capacity in long wall coal mining[J]. International journal of mining,reclamation and environment,2014,1(1):1-14.

[139] MRÓZ Z,NAWROCKI P. Deformation and stability of an elasto-plastic softening pillar[J]. Rock mechanics and rock engineering,1989(22): 69-108.

[140] 潘俊锋,齐庆新,毛德兵,等.冲击矿压危险源及其层次化辨识[J].煤矿开采,2010,15(2):4-7.

[141] 潘俊锋,蓝航,毛德兵,等.冲击地压危险源层次化辨识理论研究[J].岩石力学与工程学报,2011,30(增1):2843-2849.

[142] 潘俊锋,张寅,夏永学,等.基于地球物理响应的冲击地压危险源辨识研究[J].煤炭工程,2012(1):96-99.

[143] 熊俊杰.矿井冲击地压危险源辨识与风险评价[D].焦作:河南理工大学,2012.

[144] 列赫维阿什维利 Ю C,等.冲击地压源的岩石破坏机理[J].米凤森,译.中州煤炭,1992(6):37-39.

[145] 刘建功,赵庆彪.煤矿充填法采煤[M].北京:煤炭工业出版社,2011.

[146] 漆泰岳.沿空留巷整体浇注护巷带主要参数及其适应性[J].中国矿业大学学报,1999,28(2):122-125.

[147] 何廷峻.工作面端头悬顶在沿空巷道中破断位置的预测[J].煤炭学报,2000,25(1):28-31.

[148] 黄玉诚.高水速凝材料巷旁充填沿空留巷的矿压观测研究[J].煤矿开采,1995(2):35-37.

[149] 谢文兵,殷少举,史振凡.综放沿空留巷几个关键问题的研究[J].煤炭学报,2004,29(2):146-149.

[150] 谢文兵,王世彬,冯光明.放顶煤开采沿空留巷围岩移动规律及变形特征[J].中国矿业大学学报,2004,33(5):513-516.

[151] 张国华.主动支护下沿空留巷顶板破碎原因分析[J].煤炭学报,2005,30(4):429-432.

[152] 唐建新,邓月华,涂兴东,等.锚网索联合支护沿空留巷顶板离层分析[J].煤炭学报,2010,35(11):1827-1831.

[153] 朱川曲,张道兵,施式亮,等.综放沿空留巷支护结构的可靠性分析[J].煤炭学报,2006,31(2):141-144.

[154] 徐金海,付宝杰,周保精.沿空留巷充填体的流变特性分析[J].中国矿业

大学学报,2008,37(5):585-589.

[155] DENG Yuehua, TANG Jianxin, ZHU Xiangke, et al. Analysis and application in controlling surrounding rock of support reinforced roadway in gob-side entry with fully mechanized mining[J]. Mining science and technology,2010,20(6):839-845.

[156] 张东升,缪协兴,冯光明,等.综放沿空留巷充填体稳定性控制[J].中国矿业大学学报,2003,32(3):232-235.

[157] WANG Hongsheng, ZHANG Dongsheng, FAN Gangwei. Structural effect of a soft-hard backfill wall in a gob-side roadway[J]. Mining science and technology,2011,21(3):313-318.

[158] 唐春安,徐曾和,徐小荷.岩石破裂过程分析 RFPA^{2D}系统在采场上覆岩层移动规律研究中的应用[J].辽宁工程技术大学学报(自然科学版),1999,18(5):456-458.